乡土营建智慧图说——宁夏篇

The Illustrated Handbook of Rural Construction Wisdom: Ningxia Chapter

崔文河　燕宁娜　岳邦瑞　著

中国建筑工业出版社

审图号：宁S〔2025〕第008号

图书在版编目（CIP）数据

乡土营建智慧图说. 宁夏篇 = The Illustrated Handbook of Rural Construction Wisdom: Ningxia Chapter / 崔文河，燕宁娜，岳邦瑞著. -- 北京：中国建筑工业出版社，2025.3. -- ISBN 978-7-112-30951-1

Ⅰ. TU982.243

中国国家版本馆CIP数据核字第2025QC4157号

责任编辑：刘　静
责任校对：王　烨

乡土营建智慧图说——宁夏篇
The Illustrated Handbook of Rural Construction Wisdom: Ningxia Chapter
崔文河　燕宁娜　岳邦瑞　著
*
中国建筑工业出版社出版、发行（北京海淀三里河路9号）
各地新华书店、建筑书店经销
北京海视强森图文设计有限公司制版
临西县阅读时光印刷有限公司印刷
*
开本：850毫米×1168毫米　横1/16　印张：11½　字数：325千字
2025年4月第一版　2025年4月第一次印刷
定价：**128.00**元
ISBN 978-7-112-30951-1
　　　（44522）

版权所有　翻印必究
如有内容及印装质量问题，请与本社读者服务中心联系
电话：（010）58337283　　QQ：2885381756
（地址：北京海淀三里河路9号中国建筑工业出版社604室　邮政编码：100037）

荀子说:"不积跬步,无以至千里;不积小流,无以成江海。"中华文明之博大精深,正是由各地域、各民族所创造的智慧结晶而成。然而,共性寓于个性之中,剖析和解读每个地域所表现的个性,有利于对共性的认知。

　　中国建筑师除了要与国际交流互鉴之外,还要传承和发扬中国古代先哲为我们留下的丰富的营建智慧。中国传统建筑并非只是大屋顶和三段式,而是蕴涵无穷的营建智慧。从最早的《皇帝宅经》所云"夫宅者,乃是阴阳之枢纽,人伦之轨模"到聚落选址的"依山傍水、负阴抱阳、兴利避害、随坡就势、结穴聚气",再到"托体同山、百尺为形、千尺为势、以一行万、大道至简、以有限展无限、家与园共生共存、时间与空间交织、地尽其利物尽其用"等,都体现了中国传统建筑的营建智慧。

　　中华大地上的建筑形态蔚为大观,各民族都就地取材,延续着地方风貌,或逐水而居、依山而栖,或世居石屋、穹庐同卧,或南越巢居、北朔穴居,皆与自然风土融为一体。建筑是由文化所创造的,又不断创造着文化。中华建筑文化,既有物质形态的多元,更有精神内涵的一体。不同地域的建筑都有强烈的文脉印记,不同地域建筑所传递的文化信息,使中华建筑文化呈现多元共融之势。正如林徽因所说,中国建筑最能体现有机整体性,建筑的每一构件都不是虚设的,而是整体中的局部。从艺术角度看,黑格尔认为,建筑处于艺术之塔的最底层,上部承载着雕刻、绘画、舞蹈、音乐等诸多门类。所以,中国建筑之美涵纳结构形态、空间气韵、自然环境之美,是天、地、人、神合为一体,空间与时间相互编织,个性与共性相互融合的艺术。利用现代科技手段在现代生活方式中使之发扬光大,正是中国建筑师应尽的责任与义务。先要深入挖掘先哲的营造智慧,然后在传承中进行创造，才有光明的前途。学习固然重要，身体力行去创造更加重要，不应只在形式上打转转，一味地崇洋媚俗。

　　本书以宁夏的乡村营建经验为例，深入剖析了中国传统营造智慧中的依山傍水、负阴抱阳、防灾避难、兴利避害、随坡就势、巧于因借、节地节能、挖潜增效、赋予活力等共性因素如何生动而具体地体现在宁夏地域营建文化之中。

　　实践证明，中国的城乡营造，都是一种时间与空间的交织，即时代性、民族性、地域性的统一，都是根植于母体环境之中，在共性原则基础上生长的各具特色的文化艺术奇葩。深入解析不同地域特征的建筑文化，会对中华整体建筑的精髓有更直观、更具体、更实际的了解和热爱。本书的社会效益远远超出本书之外，因为它更生动、更有说服力、更形象、更能留下深刻的记忆，使读者从个性的剖析中汲取其精神内核，对乡村营建起到很好的原型启发和经验借鉴作用，以期为各地的乡村振兴推波助澜。

刘永德

2024 年 10 月

前言

我国乡村建设已步入快车道，乡村面貌正发生日新月异的改变，传统生态智慧的挖掘和传承对人居环境可持续发展及乡土景观保护具有重要意义。

我国地域广袤，自然地理环境多样，不同的自然气候及资源条件造就了千姿百态的乡土景观与聚落民居。在漫长的传统农牧业生产生活方式影响下，各地区在乡村营建过程中逐渐形成了本地区独特的传统生态营建智慧，在聚落选址、院落组合、民居建造等方面均形成了与地区自然环境相适应的生存智慧。我国正迈向绿色可持续发展阶段，传统生态营建智慧无疑对当前城乡建设具有重要的启发和借鉴意义。但是，各地区乡村营建传统生态智慧的挖掘、整理、宣传并不够充分，各地区人居环境传统生存经验并没有得到足够重视，以至于被城市化建筑语汇所左右，丢掉了乡土本有的特色。

宁夏位于黄土高原与西北沙漠戈壁交界处，自南向北由宁南六盘山地、宁中台塬旱地、宁北灌区滩地组成，从聚落选址到院落布局再到民居单体建筑，当地人民因地制宜，创造出类型多样的聚落形态和民居类型。宁夏气候冬长夏短，严寒多于酷暑，传统聚落多依山向阳、北高南低，从而获得充足日照。宁夏干旱少雨，人们用水困难，因此聚落营建尽可能近水临水，在干旱典型地带还创造出涝池、水窖等集水利用的做法。这些本土做法是人们应对地区地理及气候条件的生存选择，也是本土生态智慧的体现。这些传统生态智慧，是宁夏乡村人居环境绿色可持续发展的重要力量源泉。

当前乡村环境正发生巨大变化，挖掘整理乡村营建中的传统生态智慧，对于宁夏乡村生态安全格局及人居生态智慧的保护传承具有重要意义。建构当代乡村绿色营建之路的前提是对传统优秀生态智慧的深入理解，归纳整理传统智慧就显得尤为重要。

笔者通过对宁夏南部山区、宁中旱区、宁北灌区不同地理环境的众多乡村走访调查，在收集大量第一手资料的基础上完成本书编写。书中的图纸主要依据2008年田野调研资料绘制而成，如今书中提及的村落和传统民居很多已消逝或经历了更新改造，本书的出版为地方民居留下了时代印迹和乡土的记忆。

本书为宁夏回族自治区重点研发技术重大（重点）项目"宁夏装配式宜居农宅设计建（改）造及人居环境治理关键技术研究与示范"（项目编号：2019BBF02014）的阶段性研究成果。主要内容由聚落、院落、民居三个部分组成，分别体现在宏观聚落、中观院落、微观民居三个空间尺度，每个部分分别采用调研实测的分析方法对生态智慧进行了提炼，归纳出聚落、院落和民居的21个营建智慧。采用地域建筑视角，从不同尺度解析乡村营建传统生态智慧，形成图示化、直观化的专业图册，以期为地方城乡建设提供参考。

目录

壹　聚落　001

上耕下居智慧　003
台地聚居智慧　008
近渠而居智慧　013
避风御寒智慧　018
依山向阳智慧　022
临水亲水智慧　027
近水避灾智慧　032
疏水用水智慧　036

贰　院落　040

避风保温智慧　042
安全防御智慧　046
节约耕地智慧　049

适应地形智慧	055
集水利用智慧	060
绿色储藏智慧	065

叁　民居　069

负阴抱阳智慧	071
北高南低智慧	076
规整紧凑智慧	080
本土建材智慧	085
乡土技艺智慧	090
蓄热散热智慧	096
资源利用智慧	101

肆　附图　105

景宅——地坑院民居模型	107
姚宅——土坯民居模型	113
马宅——平顶房民居模型	119
王宅——独立式箍窑民居模型	125
九彩坪村堡子——屯堡建筑模型	130
马宅——土坯民居模型	135
马宅——砖木民居模型	141
穆宅——砖木民居模型	147
王宅——靠崖窑民居模型	154
徐宅——靠崖窑民居模型	160
王团镇北堡子——屯堡建筑模型	166
宁南地区窑洞——窑洞类型模型	171

参考文献　174

后记　175

聚落

壹

  聚落营建相对院落和民居而言尺度较大，需要解决住区与农田、山体、河道、采光、水源等关系，并获得适宜的较大范围的生存空间，由此形成一种本地聚落的景观格局和空间形态。这种景观格局和空间形态基于本地自然气候与资源条件，其背后体现了人工住区与自然环境的平衡。

  宁夏南北456km，东西250km，南部多山区丘陵，中部多土塬台地，北部多为灌区滩地，乡村聚落营建为实现地区资源利用和消解规避自然灾害，形成了诸多传统生态智慧。通过实地调研、数据采集，本书将聚落营建归纳为"上耕下居、台地聚居、近渠而居、避风御寒、依山向阳、临水亲水、近水避灾、疏水用水"八大生态智慧。

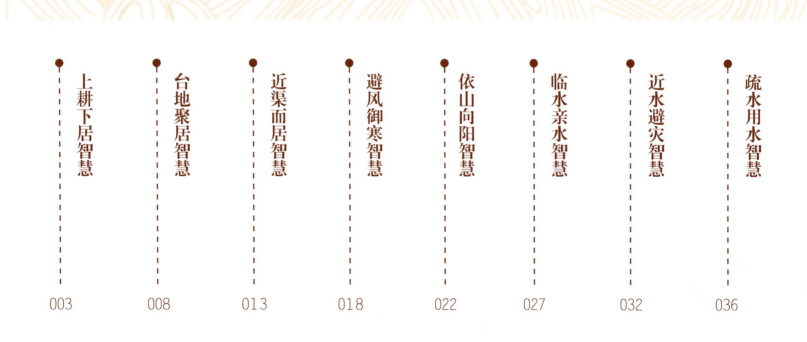

- 上耕下居智慧 003
- 台地聚居智慧 008
- 近渠而居智慧 013
- 避风御寒智慧 018
- 依山向阳智慧 022
- 临水亲水智慧 027
- 近水避灾智慧 032
- 疏水用水智慧 036

上耕下居智慧

宁夏南部山区沟壑纵横,为获得更多耕种面积,乡村聚落多为"山上耕种、山下居住"的空间格局。

海原县菜园村

上耕下居智慧

宁夏回族自治区南部山区，范围包括固原地区的西吉县、海原县、原州区、泾源县、隆德县、彭阳县，以及同心县部分（东部和南部）。宁夏南部是黄土高原的一部分，海拔高度在 1500～2000m 之间，其间分布大量起伏不定的丘陵和土塬。丘陵和土塬的上部日照充足，适宜耕种生产，为最大化获得农田，人们将生活建筑布置在丘陵山脚和塬面边缘的下部，如此宁夏南部山区便形成了"上耕下居"的聚落营建生态智慧。

宁夏南部区位图

宁夏南部地貌

彭阳县何塬村位于宁夏南部山区固原市，海拔高度为1286～2416m，地形为西北高、东南低的坡状塬面。早期人们很少在塬面建房，大多是在向阳的塬边或塬底的阳面凿山瓦窑建房，形成典型的上耕下居聚落景观格局。

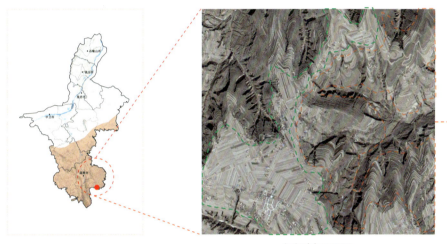
何塬村卫星图

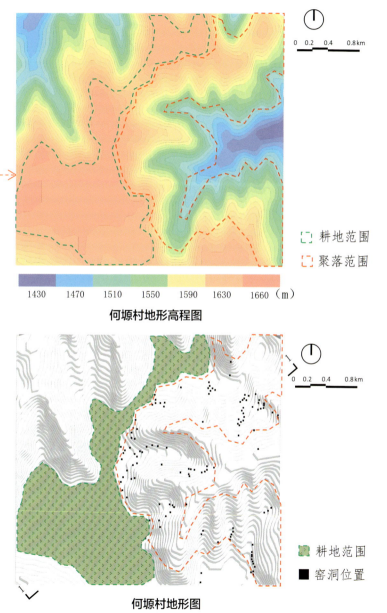
何塬村地形高程图

何塬村地形图

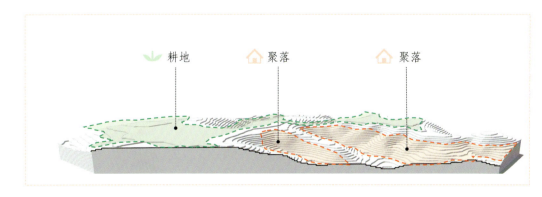
1-1 剖面图

何塬村利用黄土高原的丘陵沟壑自然地貌，顺应地势建造窑洞，开发地下空间，对地面的影响减至最小。靠崖式窑洞利用向阳坡依山就势，上下窑洞错层布置，院落窑洞群与地势浑然一体；下沉式窑洞向下开凿，然后沿地坑院落四壁纵向进深挖窑，留有斜坡与地面联系。在保证居住面积的同时，留下平坦的塬面用于耕种，形成塬上种植、塬下居住的模式，不仅保护、节约了耕地资源，也获得了良好的居住环境。

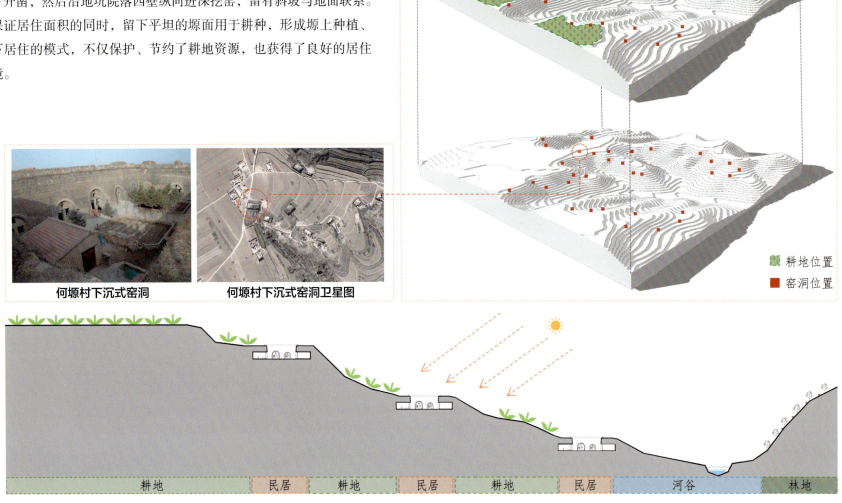

何塬村下沉式窑洞　　何塬村下沉式窑洞卫星图

耕地位置　　窑洞位置

耕地　民居　耕地　民居　耕地　民居　河谷　林地

宁南山区上耕下居剖面示意图

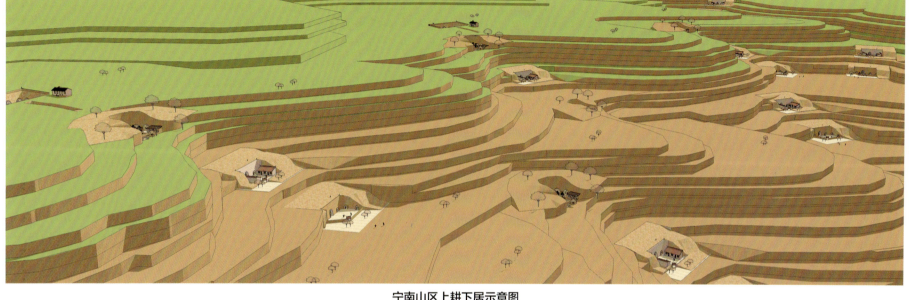

宁南山区上耕下居示意图

（王鹏 摄）

（固原梯田——触摸大地"指纹" 邂逅最美梯田［EB/OL］.（2023-03-30）［2024-12-04］.
https://www.nx.gov.cn/ssjn/esyj/202303/t20230330_4015419.html.）

宁南山区上耕下居实景

壹　上耕下居智慧

台地聚居智慧

宁夏中部旱区干旱缺水，破碎小型山丘间分布众多较为平缓的台地，聚落多分布在地势较低、取水相对容易的台地上。

中宁县喊叫水乡

台地聚居智慧

宁夏中部地区为干旱少雨地带，范围大致包括盐池县、同心县、海原县、中宁县。该地区地貌多为台地、丘陵，地形高差起伏不大，较为平缓。虽然土地广袤，但是地处干旱地带，水源奇缺，人口较少，聚落数量也不多。因此，当地传统聚落选址多选择平原台地聚居，聚落形态也较为松散。

宁夏中部区位图

宁夏中部地貌

中宁县喊叫水乡石泉村是典型的"台地聚居"的聚落。该聚落平面南北长约5km，地形海拔高度为1570～1610m，形成三处较为平缓的台地，民居及公共建筑沿等高线在台地分布。

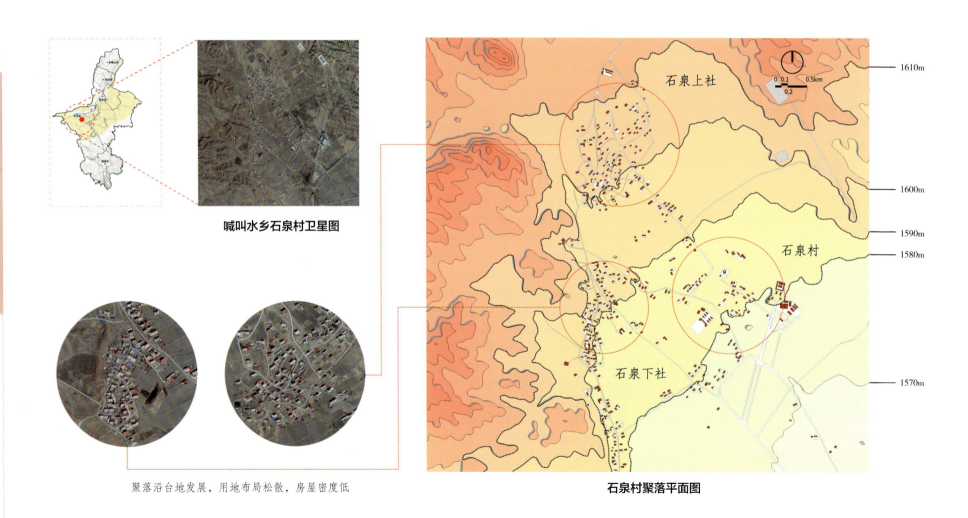

喊叫水乡石泉村卫星图

聚落沿台地发展，用地布局松散，房屋密度低

石泉村聚落平面图

聚落选址山地南侧向阳的三处台地上，聚居着石泉村、石泉上社和石泉下社三处相对集中的村落。聚落的西北、东北方向多为地质干旱的丘陵，不宜居住，人们选择南部地势较低、相对平坦的台地生活，一方面便于获取地下水，另一方面利于获取日照。

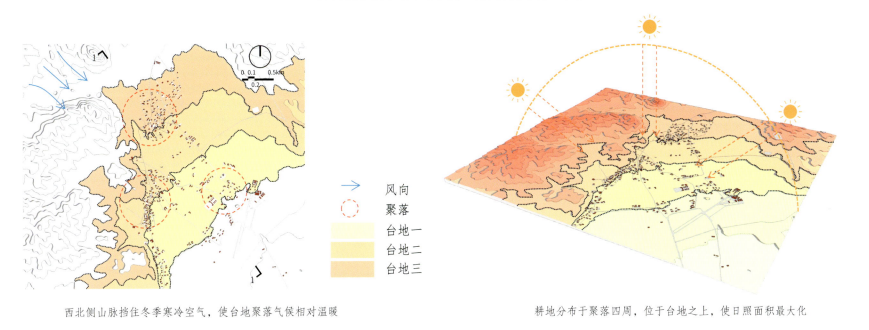

西北侧山脉挡住冬季寒冷空气，使台地聚落气候相对温暖　　　　耕地分布于聚落四周，位于台地之上，使日照面积最大化

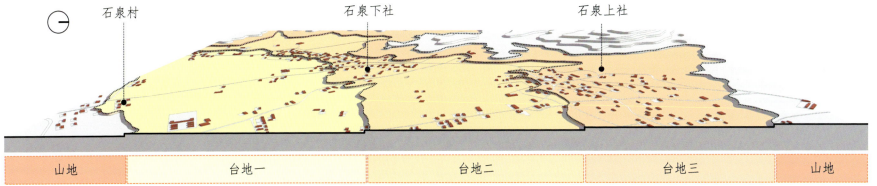

1-1 剖面图

喊叫水乡西、北两侧靠山，其中石泉村、石泉上社和石泉下社选址在两条等高线之间平坦的台地上，形成了明显的台地聚居聚落。

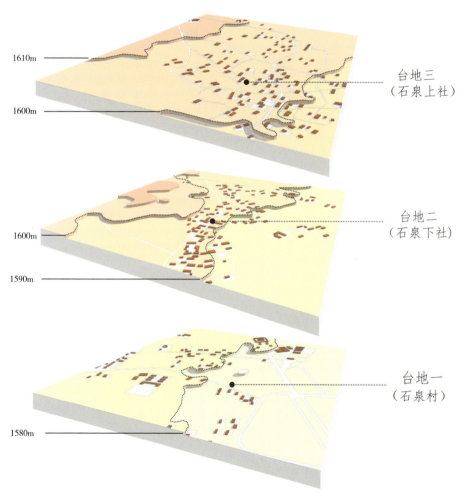

石泉村聚落分布图

石泉村聚落实景

近渠而居智慧

在宁北地区,历史上形成的灌渠、河道众多。人们为解决疏水用水的生产生活之需,常常定居在河道及灌渠两侧,逐渐形成了近渠而居的智慧。

大坝镇韦桥村

近渠而居智慧

宁夏北部既为黄河流经之地，也是宁夏引黄农业的灌溉地区。该地区地势整体较为平缓，历史上形成的灌渠数量众多，千百年来人居聚落广泛分布在黄河及灌渠的两侧，疏水用水的便利条件解决了人们生产生活之需，由此形成了宁夏北部近渠而居的聚落营建智慧。

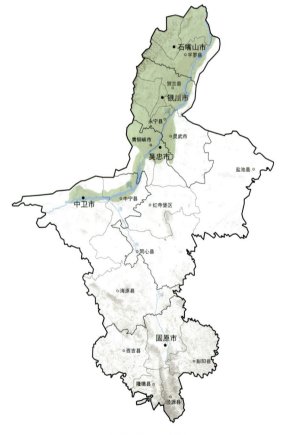

宁夏北部区位图

宁夏北部地貌 1

（金文阳，祁瀛涛，蒋萍. 宁夏引黄古灌区：时光之河灌溉千年传奇 [N/OL]. 宁夏新闻网，2018-07-03[2024-12-04]. https://www.nxnews.net/yc/jrww/202406/t20240624_9466502.html.）

宁夏北部地貌 2

（沈海滨，梅淑娥. "黄河明珠"——青铜峡 [EB/OL].(2023-11-28)[2024-12-04]. http://www.chinaweekly.cn/html/travel/60581.html.）

宁夏北部地貌 3

（中共宁夏青铜峡市委宣传部. 一河九渠皆碧水　青铜峡用水绘就城市之美 [EB/OL].(2018-07-03)[2024-09-20]. http://cic.china.com.cn/zixun/2018-07/03/content_40405724.htm.）

青铜峡市建于秦汉时期的引黄古灌区，历史悠久，自古以来便是宁夏平原的"粮仓"。青铜峡大坝镇聚落是宁夏北部近渠而居的典型地区，从古至今引渠至此，沿渠两岸的人们依靠水源而生，引水灌溉农田，从而形成聚落。聚落选址靠近灌渠，利于受水而又方便屯田管理。唐徕渠与其他众多古灌渠共同造就了当地农业经济的繁荣。

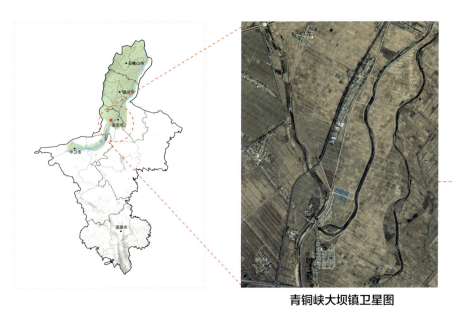

青铜峡大坝镇卫星图

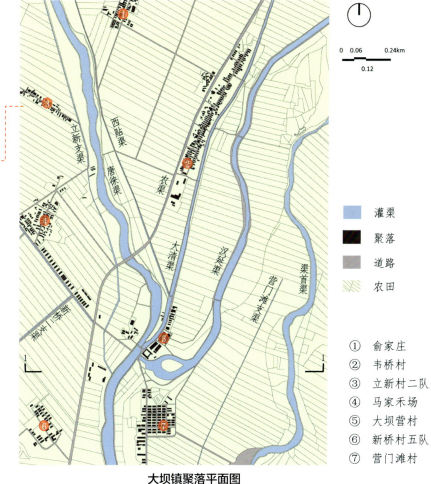

大坝镇聚落平面图

图例：
- 灌渠
- 聚落
- 道路
- 农田

① 俞家庄
② 韦桥村
③ 立新村二队
④ 马家禾场
⑤ 大坝营村
⑥ 新桥村五队
⑦ 营门滩村

人们自古有逐水而居的观念与相地选址的意识，聚落选址受水资源分布的影响较大。大坝营聚落正是这样：为便于取水、农田受水和屯田管理，民居院落沿灌渠分布，水渠环绕村落，一方面便于取水，另一方面起到安全防御的作用。

当地居民利用有利的自然条件，适应、克服不利因素，从农业灌溉到人居建设，显示出宁夏古人在改造利用自然环境过程中体现出的可持续性的土地利用智慧。其中的韦桥村空间形态沿灌渠走向线性展开，聚落形态与灌渠走向有机融合，给生产和生活提供了极大的便利，体现出鲜明的近渠而居的营建智慧。

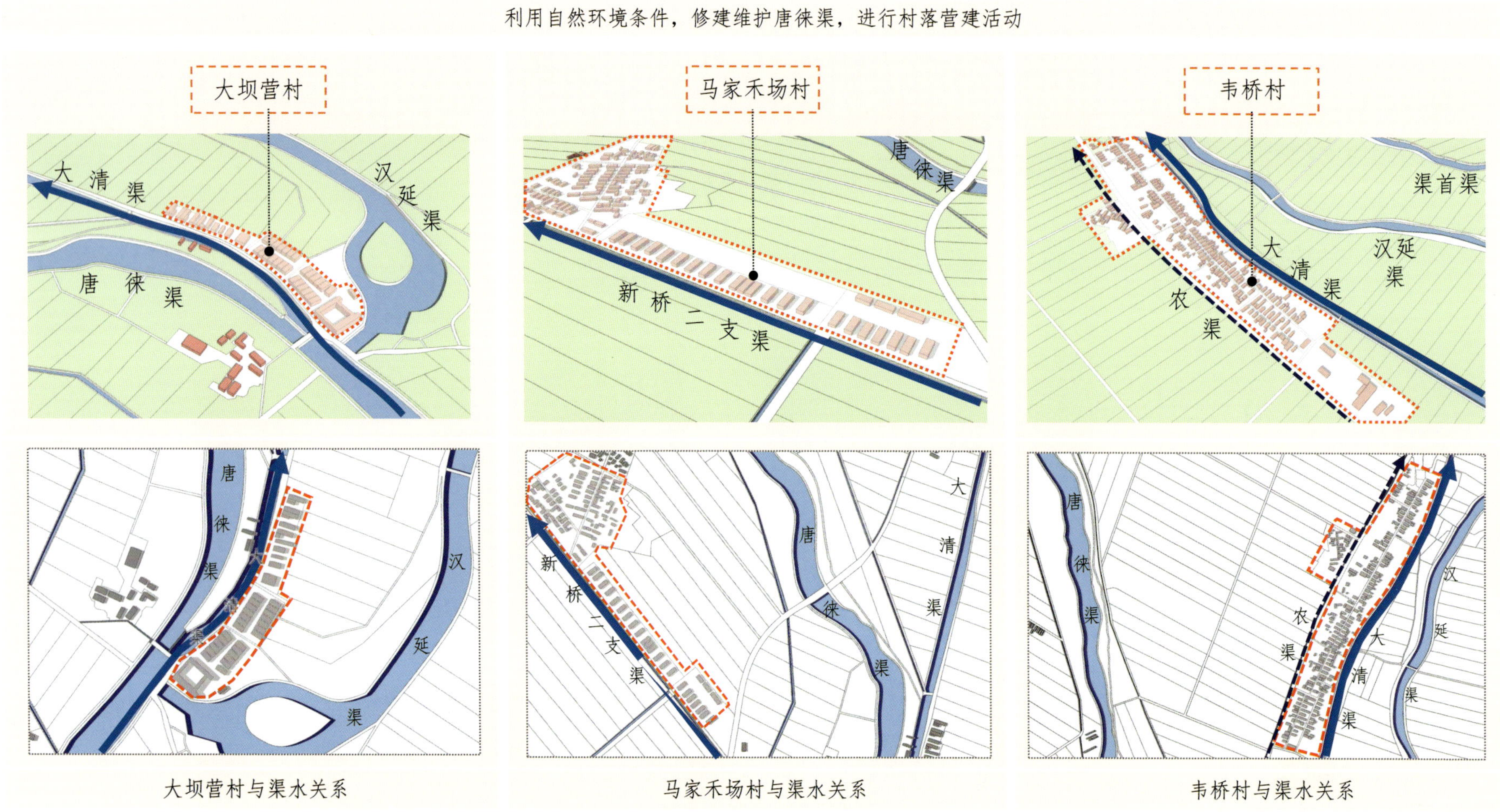
利用自然环境条件，修建维护唐徕渠，进行村落营建活动
大坝营村
大清渠
汉延渠
唐徕渠
马家禾场村
唐徕渠
新桥二支渠
韦桥村
渠首渠
大清渠
汉延渠
农渠
唐徕渠
汉延渠
新桥二支渠
唐徕渠
大清渠
唐徕渠
农渠
大清渠
汉延渠
大坝营村与渠水关系
马家禾场村与渠水关系
韦桥村与渠水关系

大坝镇聚落近渠而居示意图

宁夏北部渠水的形成过程就是人与自然互动的生动体现。渠水对当地聚落生活环境的建设产生重要影响，极大改善了当地人居环境与景观格局，形成了独特的近渠而居景观。

聚落与自然环境相结合

自然环境条件		聚落智慧体现	
有利条件	不利条件	农业灌溉	住区建设
背靠山、面滩地	黄河善徙、善决、善淤	引水补缺，淤灌治碱	沿渠布局，以渠护居
光热充足、地形平坦	少降雨、强蒸发	顺势选线，分级成网	临渠建村，因渠兴居
	盐碱化严重	流水轮灌，制度严管	蓄水内引，因渠成景

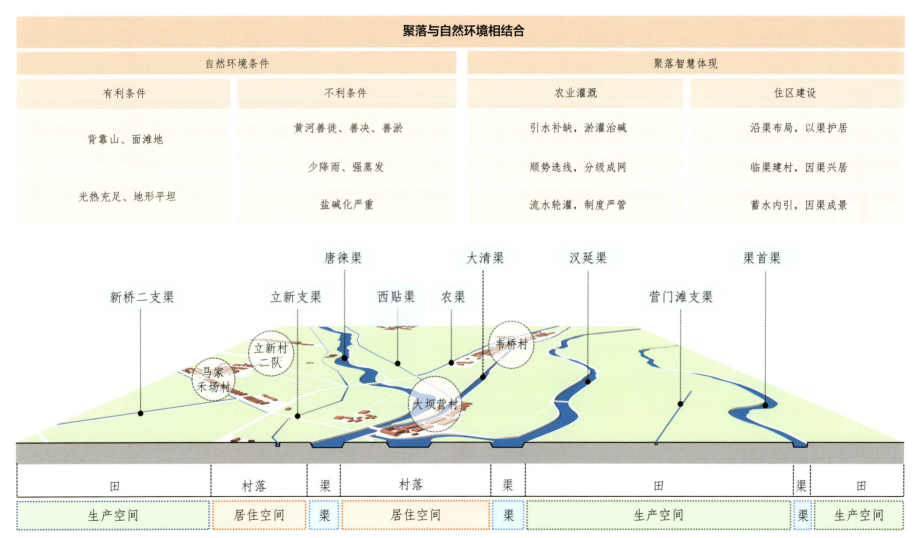

大坝营聚落 1-1 剖透视图

避风御寒智慧

宁夏冬长夏短且多西北寒风,聚落的避风御寒就显得尤为重要。聚落选址沟壑低洼处,北侧有较高山体可阻隔西北寒风,南侧较为开敞,可接受充足阳光,从而形成良好的避风御寒的盆地小气候。

海原县九彩坪村

避风御寒智慧

九彩坪村选址示意图

九彩坪村所在地区为典型的黄土高原丘陵地带，聚落四周为丘陵纵横的山体，九彩坪村即选择地势较低、地势平坦的谷地聚居。宁夏年平均气温为5.3～9.9℃，呈北高南低分布。宁夏冬季严寒，日温差较大。

九彩坪村聚落实景

宁夏全年气温变化表（数据来源：中央气象台）												单位：℃
月份	三	四	五	六	七	八	九	十	十一	十二	一	二
日均最低气温	0	7	12	18	20	18	12	5	-2	-10	-11	-8
日均最高气温	14	21	27	30	32	30	25	18	9	2	0	5

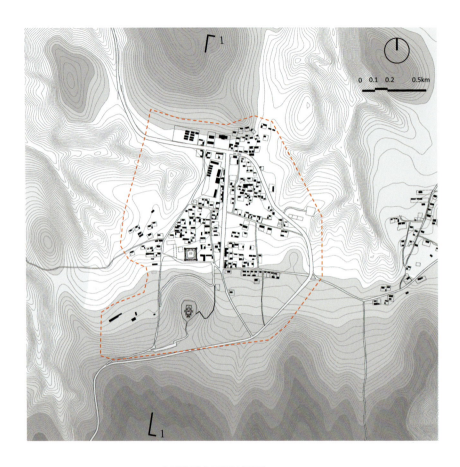

九彩坪村高程地形图

九彩坪村系统分析图

　　九彩坪村南北均有高于聚落的山体，使聚落呈现出"山体—聚落—山体"的空间格局。遇冬季西北风时北侧山体可减缓风速，起到很好的避风作用；而同时南侧山体在减弱风力的同时加上日间阳光照射，形成九彩坪村良好的避风御寒的盆地小气候。

海原县各月平均大风（≥8级）次数表（数据来源：《海原县志》）													单位：次
月份	三	四	五	六	七	八	九	十	十一	十二	一	二
平均次数	2.8	3.6	2.5	1.7	0.5	0.5	0.5	0.5	0.6	0.9	0.8	1.1
年最多次数	6	6	7	5	2	3	2	3	4	3	3	3

为应对恶劣的自然气候，宁夏乡村普遍具有避风御寒的聚落营建智慧，其中海原县九彩坪村就是典型代表。在冬季盛行西北风时，北向迎风坡起到很好的阻挡风速的作用，南向坡为背风坡，其风速较小，在冬季时可获得最多日照以达到御寒效果。

壹　避风御寒智慧

冬季盛行西北风，夏季盛行东南风

北向坡阻挡风速

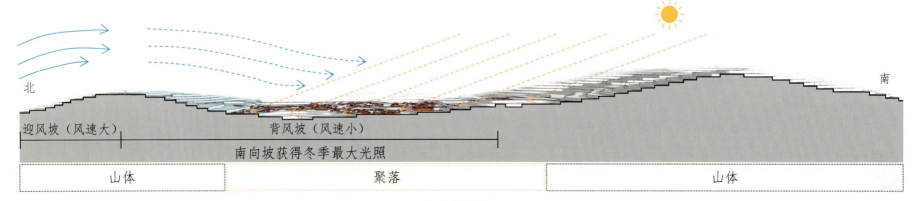

1-1 剖面图

依山向阳智慧

依山向阳是宁夏乡村普遍的聚落营建规律，山南为阳、山北为阴，住区多分布在山的南面，山的北面多为梯田。

彭阳县何塬村

依山向阳智慧

宁夏多山，聚落选址多依山向阳而建。何塬村地处宁夏南部的彭阳县，这里属黄土高原地貌类型，境内黄土塬、梁、峁纵横交错。为获得适宜居住环境，当地人们依据地形地貌选择塬边或塬下的向阳一侧建房，形成依山向阳的聚落景观。

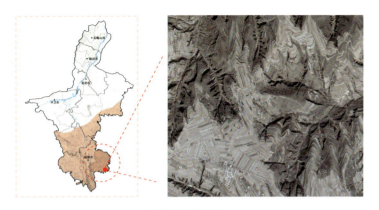

何塬村卫星图

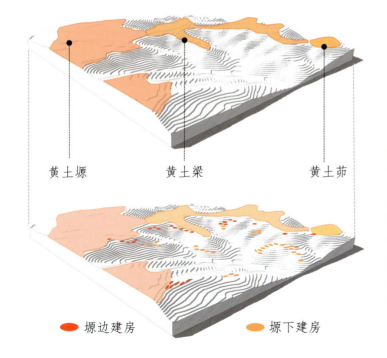

何塬村地形与聚落选址关系示意图

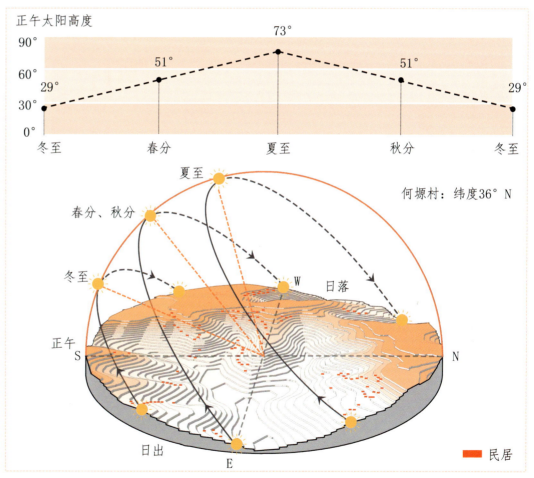

何塬村太阳视运动示意图

何塬村地势西高东低，受山体地貌影响，聚落形态布局松散，建筑密度较低。当地冬季寒冷，为获取更多日照，避开西北方向的寒风，聚落分布在土塬阳坡位置，民居营建采用面南背北、北高南低的做法。

A 塬顶地坑窑

B 塬坡靠崖窑

1-1 示意图解析

8字曲线	一天中单位时间点的太阳全年位置轨迹（如11h位置的8字曲线表示全年每天11点的太阳位置轨迹）
橙色曲线	太阳单日轨迹。位于最上端曲线为夏至日太阳轨迹，位于最下端则为冬至日太阳轨迹

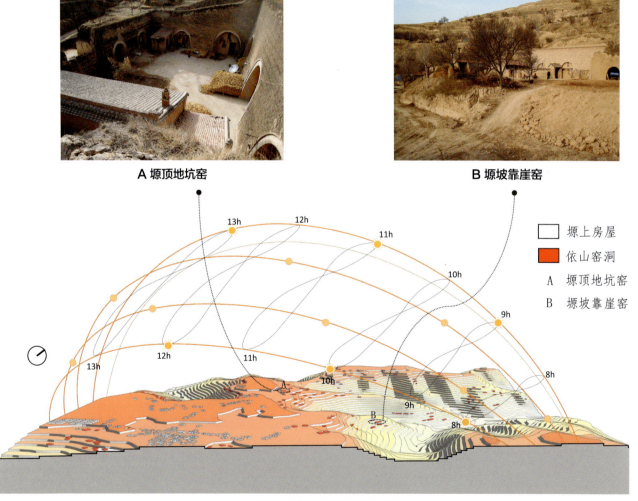

□ 塬上房屋
■ 依山窑洞
A 塬顶地坑窑
B 塬坡靠崖窑

1-1 河源村太阳运动轨迹示意图

彭阳县气象数据表（数据来源：中央气象台）

月份	一	二	三	四	五	六	七	八	九	十	十一	十二
日均最高气温（℃）	2	7	13	18	22	24	24	23	19	13	7	0
日均最低气温（℃）	−8	−7	−2	2	8	13	15	15	9	3	−2	−9
太阳辐射（MJ/m²）	298.87	428.47	531.93	626.43	703.65	567	553.17	448.99	375.12	334.26	273.81	280.94

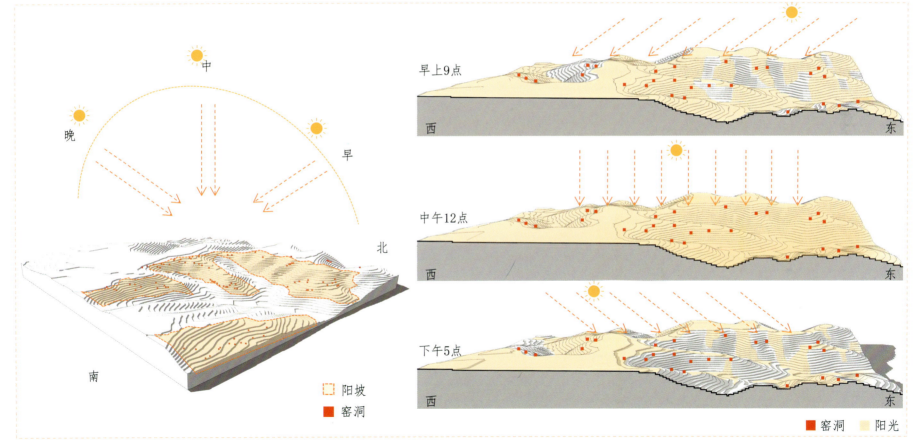

何塬村阳坡范围示意图

1-1 何塬村日照范围示意图

依山向阳智慧

何塬村的依山住宅整体呈向阳格局。聚落各单体住宅将其主体生活空间布置于光照量大的主要向阳面，通过采光窗采光蓄热，这有助于聚落的民居空间日照最大化。

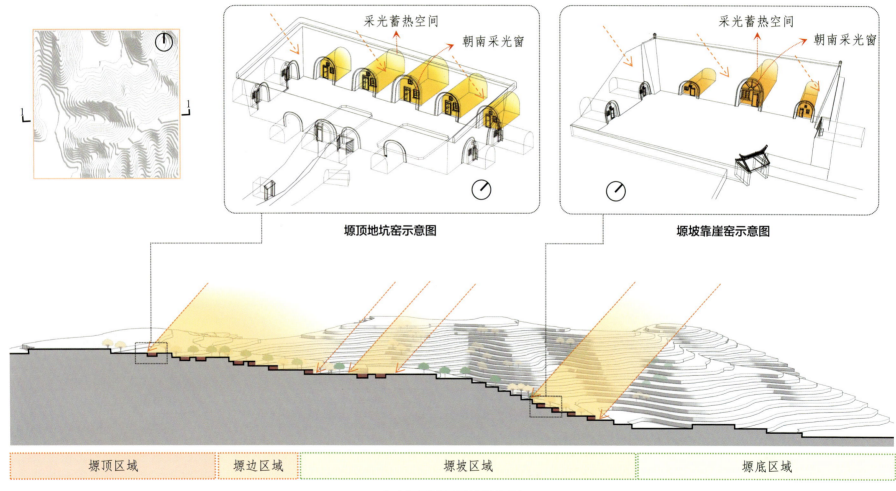

1-1 何塬村聚落地形剖面图

临水亲水智慧

宁夏广大地区干旱少雨,为解决居民用水问题,常在靠近水源的地方进行村落选址,形成了「临水亲水」的聚落营建生态智慧。

韦州镇甜水河

临水亲水智慧

宁夏广大地区干旱少雨,水资源短缺,导致人畜用水困难,也限制着当地种植业和畜牧业的发展。因此,当地人民在进行村落选址时,会选择靠近水源的地方,以解决用水难题。

海原县菜园村是自新石器时期延续至今的古村落,它邻近菜园河水系,体现着临水亲水这一生态智慧。菜园村位于南华山北麓山脚处的台塬上,山体雨水径流与地下泉水成为菜园河的源头。菜园村夏季有河、冬季有泉,全年水源充足,为乡村生产生活永续发展提供了条件。

菜园村卫星图

海原县各季节平均降水量(数据来源:《海原县县志》)

站(点)		春	夏	秋	冬
海原	降水量(mm)	67.4	224.8	62.2	8.2
	占全年百分比(%)	18.6	62.0	17.2	2.3

光彩泉涌泉口保护区

光彩泉界碑

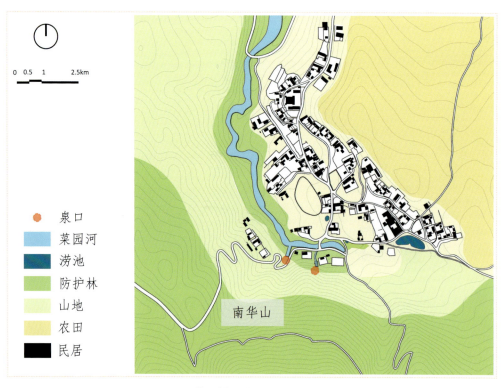

菜园村河流位置关系图

菜园村三面环山，地下水资源丰富。其民居院落依北侧土塬山坡而建，村落南向的南华山的山脚处有山泉溪流，成为菜园河的源头，千百年来为聚落的永续发展提供了水源保障。菜园村中心位置到菜园河水平距离仅100多米，菜园河谷底距村落中心位置纵向高度约为10m，聚落整体形成小型盆地微气候。

菜园村鸟瞰

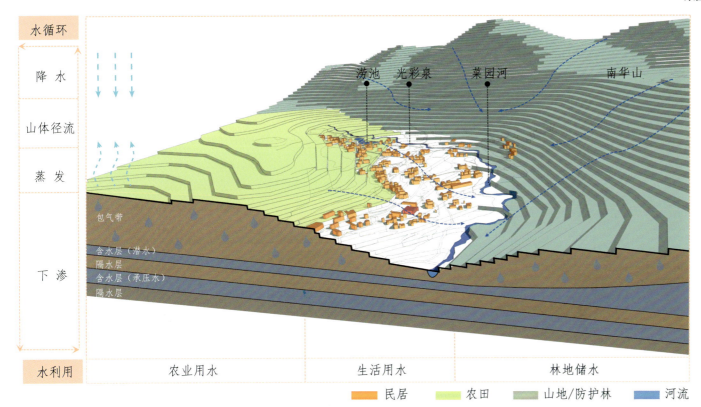

菜园村的水循环与利用示意图

明渠引水

涝池蓄水

蓄水设施

临水亲水智慧

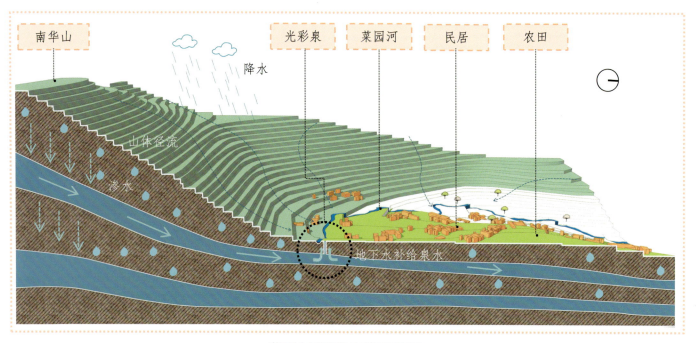

菜园村水资源生态关系示意图

菜园村南华山实景

菜园村光彩泉实景

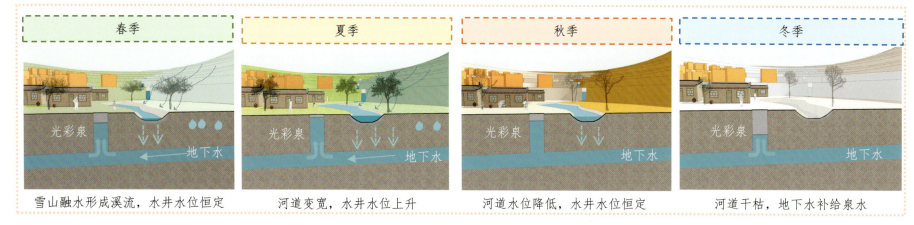

春季	夏季	秋季	冬季
雪山融水形成溪流，水井水位恒定	河道变宽，水井水位上升	河道水位降低，水井水位恒定	河道干枯，地下水补给泉水

菜园村光彩泉与菜园河四季水位变化示意图

村民在长期的生产生活中，依靠山间溪流依重力势能自上而下流淌的自然优势，不仅为村落、田地提供水资源，还起到了涵养菜园河的作用，提升了生产效率和生活舒适度。

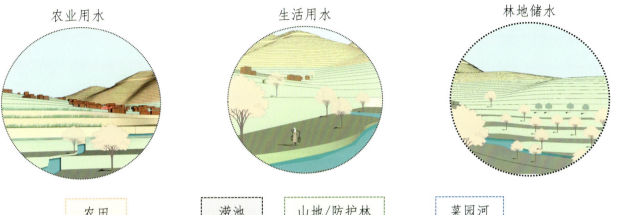

农业用水　　生活用水　　林地储水

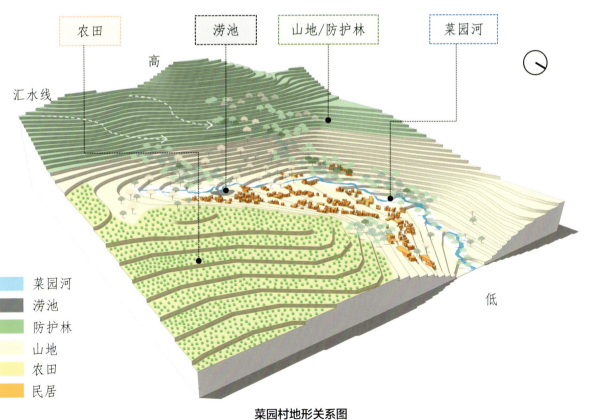

菜园村地形关系图

菜园村溪流实景

临水亲水智慧

近水避灾智慧

受地形因素的影响，村落位居台地地理高位，即使村落距离河道较近，也可以较好地避免水患，形成了近水避灾的聚落营建智慧。

中卫市下滩村

（祁嬴涛，贺璐璐．【黄河两岸是我家】高清大图：瞰中卫北长滩古老水车与黄河相互为伴的风景[N/OL]．宁夏新闻网，2020-06-10 [2025-04-15]．https://www.nxnews.net/yc/jrwy/202006/t20200610_6746625.html）

近水避灾智慧

受大陆季风性气候的影响，宁夏地区河流水位具有季节性变化，一般将农田布置在河谷低处，而将村落布置在高处，以确保村落不被洪水侵袭，由此形成近水而又避灾的聚落营建智慧。南长滩、北长滩位于中卫市沙坡头区黄河的两岸，两村紧邻黄河，四周群山环绕，形成下河、低田、中居、上山的景观格局，格局背后是千百年来人居生态智慧的体现。

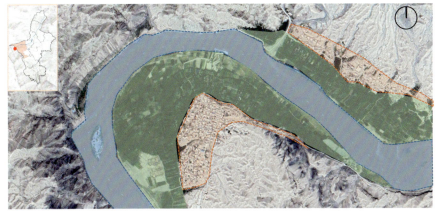

南北长滩聚落选址示意图

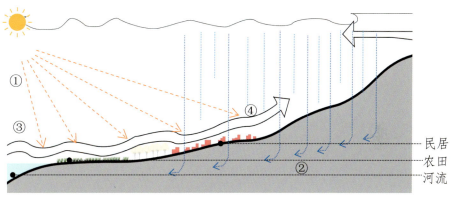

①良好日照；②良好排水；③便于水上联系；④调节小气候

村镇选址与生态关系图

南长滩聚落实景

（祁瀛涛，贺璐璐 .【黄河两岸是我家】高清大图：瞰宁夏黄河第一村南长滩的安静与美丽 [N/OL]. 宁夏新闻网，2020-06-09 [2024-09-20]. http://www.nxnews.net/yc/jrww/202006/t20200609_6743328.html.）

北长滩聚落实景

（环境与摄影 . 黑山峡宁夏中卫大柳树至北长滩段 [EB/OL].(2024-09-01)[2024-12-04].https://mp.weixin.qq.com/s/g6bNTkN0UyGPkOqgnIJ7kA.）

黄河水流冲刷两侧的山体，
形成滩地和台地，滩地宜耕、台地宜居

传统选址示意图

受周围山体地质及河道摆动的影响，黄河两岸形成宽约520m和195m的滩地，滩地之上是人居院落的位置，人居院落与黄河之间高差约20m，南长滩水平聚落约300m，北长滩水平聚落为175m。由此可以看出，虽然村落距离河道较近，但是村落位居台地地理高位，很好地避免了水患。

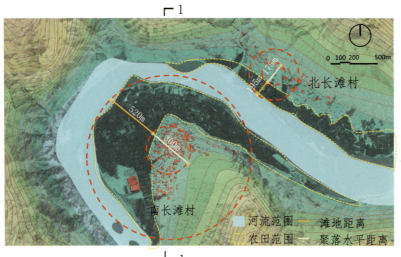

南北长滩平面图

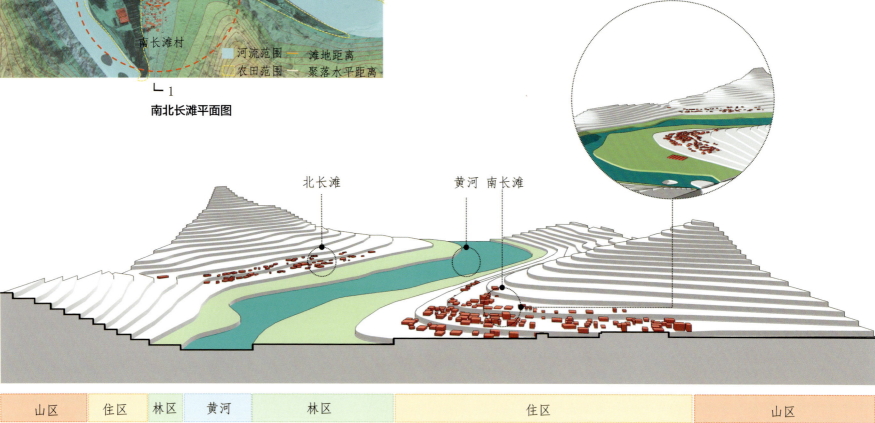

1-1 南北长滩聚落剖面图

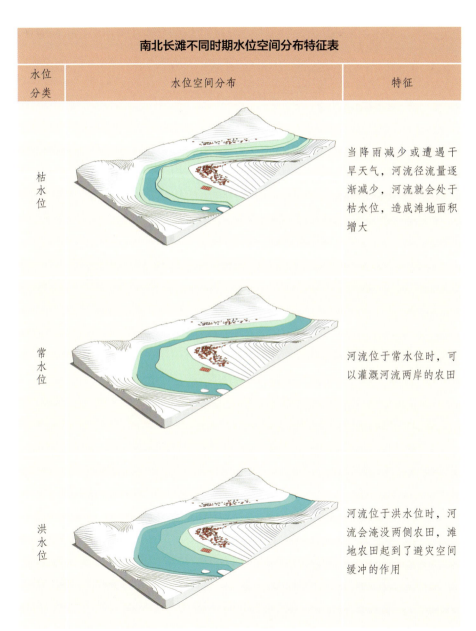

水位分类	水位空间分布	特征
南北长滩不同时期水位空间分布特征表		
枯水位		当降雨减少或遭遇干旱天气，河流径流量逐渐减少，河流就会处于枯水位，造成滩地面积增大
常水位		河流位于常水位时，可以灌溉河流两岸的农田
洪水位		河流位于洪水位时，河流会淹没两侧农田，滩地农田起到了避灾空间缓冲的作用

南北长滩选址于河流的凸岸处，利于村庄地形的稳定，减少了河流侵蚀。同时村落地势高差改变雨水的地表径流，最终将雨水引入河流，达到对雨水的快速分流和后期利用。

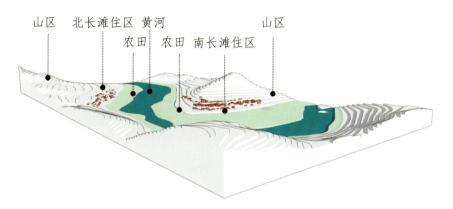

南北长滩聚落地形图

水源常会成为村民聚居及村落布局的依据。村庄建设在地势较高处，农田沿河流两岸分布，形成"以农田为基地，河流穿插，村庄镶嵌其中"的"山—居—田—水"格局。

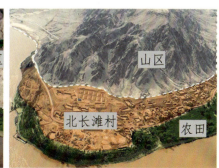

南北长滩村落环境布局

疏水用水智慧

疏水用水聚落营建智慧在宁夏北部引黄古灌区有着悠久的历史。千百年来，人们利用青铜峡口地势，在峡口高处建渠引水，选择水渠附近营建院落，聚落因渠而生。

大坝镇大坝营村

疏水用水智慧

疏水用水的聚落营建智慧在宁夏北部引黄古灌区有着悠久的历史，其中青铜峡地区的汉延渠、唐徕渠等就是其中的优秀代表。千百年来，人们利用青铜峡口地势，在峡口高处建渠引水，选择水渠附近营建院落，聚落因渠而生。聚落形态沿渠道线性分布，如此既满足农户生活用水，也有利于缩短农业疏水距离。

青铜峡流域高程地形图

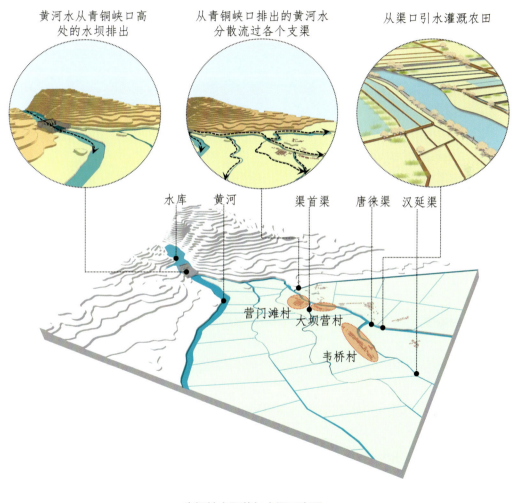

青铜峡市聚落与水渠示意图

聚落依水而建的智慧使其空间形态与水利系统产生密切的关系。人们沿宽阔的主渠、支渠修筑墩台，建筑沿水渠两岸呈线状排布，人们在堤垸内部广修渠系以串联河流、村落和农田，渠网依地貌而修，平原地貌下的渠系呈方格网状。

聚落与水渠关系

疏水用水在聚落营建中是一个复杂的工程系统，由干、支、斗、农四级固定渠道组成灌溉网络。干渠从峡口水源引水输送至灌区，支渠从干渠取水分配给斗渠，然后到农渠，最后将水分配至农田。为了使上下供水均衡，通过改变水坝闸门高度以调节水量，如低水位时可通过控制闸口输水量以增加水位高度，层层跌流。

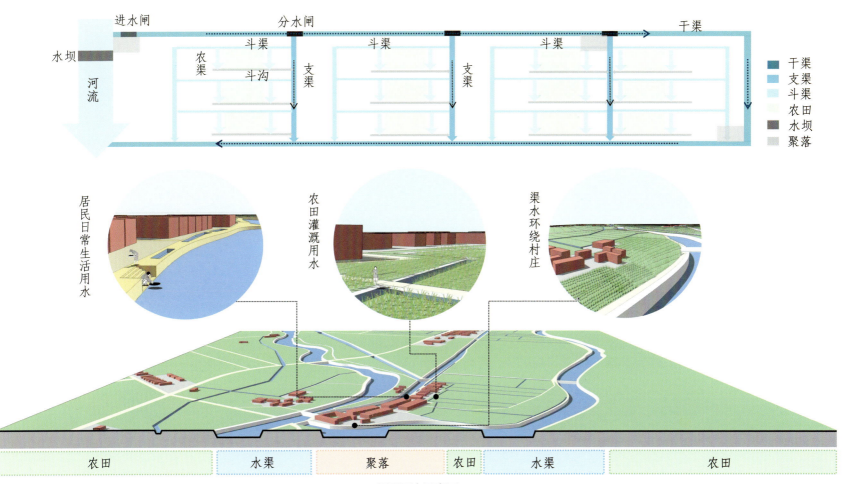

居民用水示意图

院 落

贰

院落是聚落空间的重要组成部分，宁夏地区的院落组合带有自身地域特色，院落营建传统生态智慧主要表现在避风保温、安全防御、节约耕地、适应地形、集水利用、绿色储藏等方面。院落相对聚落尺度较小，是相对独立的居住单元，本部分更加注重民居建筑群的空间分析，不仅关注院落横向分布的空间规律，也加强了纵向院落空间格局的解析。

本部分梳理出的院落营建传统生态智慧，对于当前新农村建设中院落空间组合具有积极的借鉴意义。

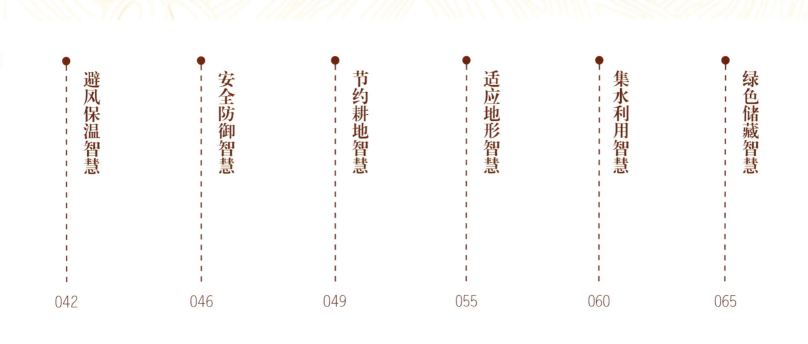

- 避风保温智慧 042
- 安全防御智慧 046
- 节约耕地智慧 049
- 适应地形智慧 055
- 集水利用智慧 060
- 绿色储藏智慧 065

避风保温智慧

避风保温是我国北方民居的显著特点,宁夏乡村院落主要通过选址山坳、墙体厚重、开窗南向等方法做到避风保温。

海原县九彩坪村堡子

避风保温智慧

院落营建中避风保温多为利用地形或利用生土材料筑成高大墙体的土堡，以实现抵御西北寒风和蓄热保温的作用。宁夏地区寒冷干旱，昼夜温差大，且为全国大风较多的地区之一，当地的堡子是避风保温的代表建筑。例如，九彩坪村堡子位于海原县九彩乡，四周用封闭厚重的夯土墙体作围墙，在四角建有高房子。堡子外墙自下而上明显收分，呈梯形轮廓。夯实的黄土墙与周围黄土地融合在一起，显得稳固、浑厚、敦实、朴素。

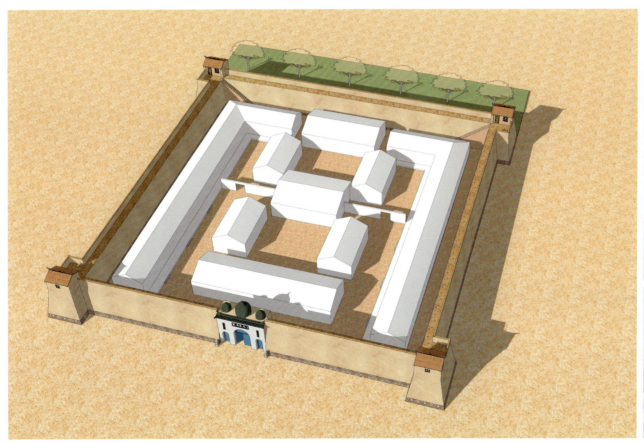

九彩坪村堡子模型示意图

九彩坪村堡子实景

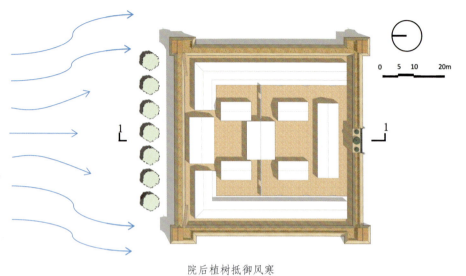

院后植树抵御风寒

平面示意图

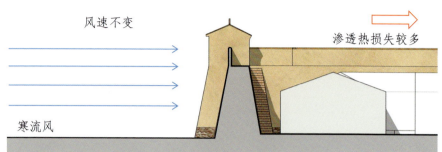

未采用绿化防风应对冬季风寒

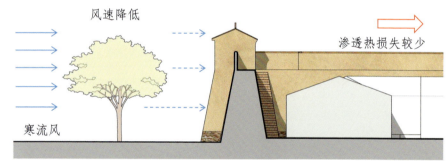

采用绿化防风以减少建筑物冬季风寒

九彩坪村堡子的高大墙体是抵御西北寒风的有效手段，除单体民居院落自身避风设计之外，还可在房屋周边种植植物进行防风。

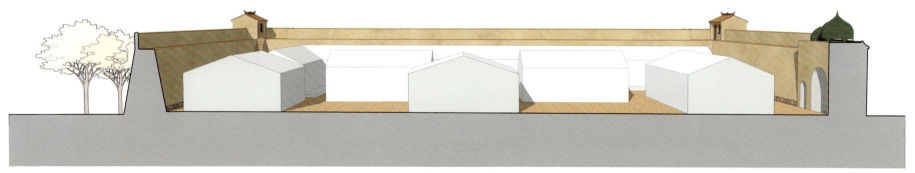

1-1 剖透视图

宁夏地区寒冷干旱且昼夜温差大，防寒保温是民居院落的营建要点。九彩坪村堡子采用向阳的合院布局，封闭厚重的堡子墙体有效地抵御了风沙，减少了西北冷风的影响，从而使院落内形成相对保温的局部小气候区。高大厚重的堡子墙体，白天吸热、夜晚放热，成为大型的蓄热体。

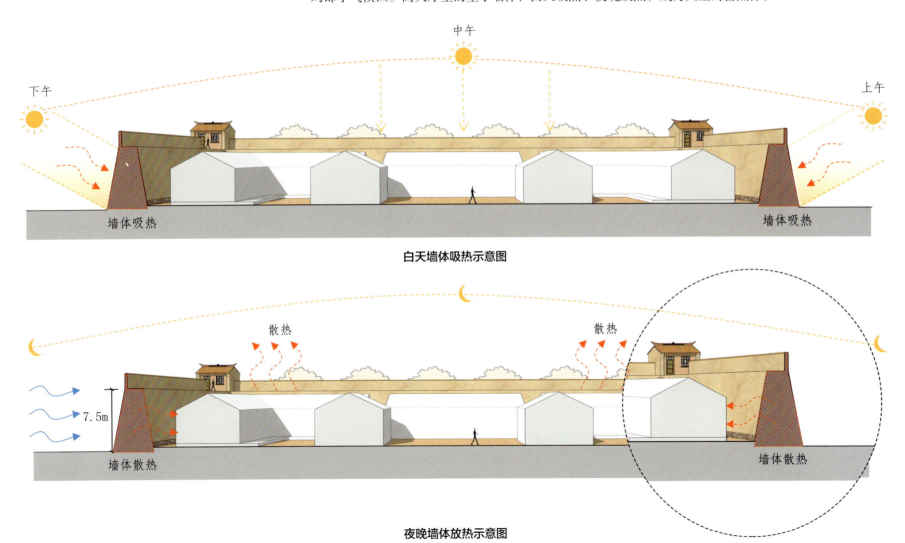

白天墙体吸热示意图

夜晚墙体放热示意图

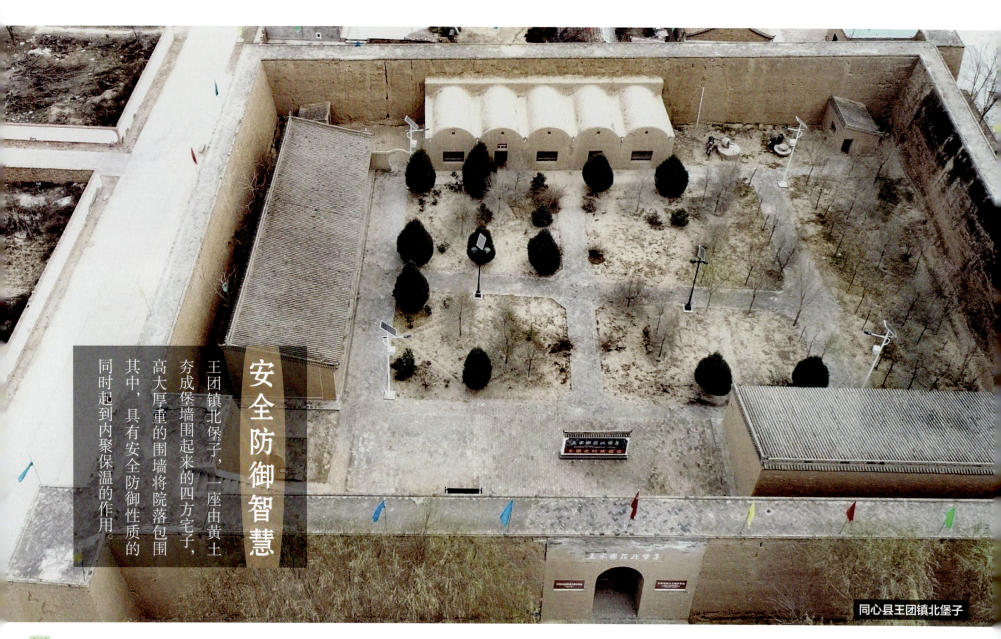

安全防御智慧

王团镇北堡子，一座由黄土夯成堡墙围起来的四方宅子，高大厚重的围墙将院落包围其中，具有安全防御性质的同时起到内聚保温的作用。

同心县王团镇北堡子

安全防御智慧

历史上宁夏长期处于中原政治中心的边缘区域，战乱频发，盗匪猖獗。为了防御和生存需要，军民就地取材，广泛修筑了具有军事守备和避难功能的堡垒夯土建筑。王团镇北堡子，位于宁夏同心县王团镇境内，是一座由黄土夯成堡墙围起来的四方宅子，高大厚重的围墙将院落包围其中，具有安全防御性质的同时起到内聚保温的作用。内部房稀院阔，囊括畜圈和草料堆放空间。

王团镇北堡子卫星图

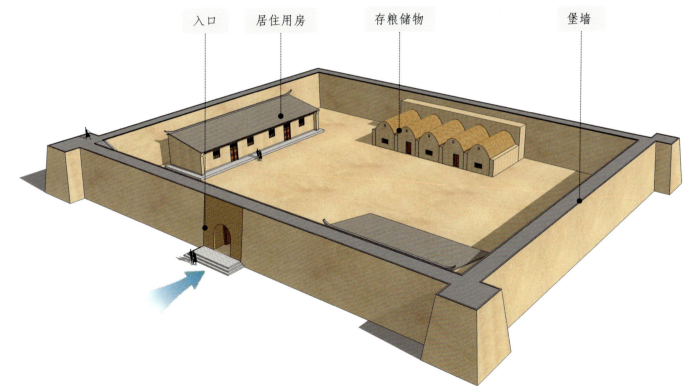

王团镇北堡子模型示意图

王团镇北堡子实景

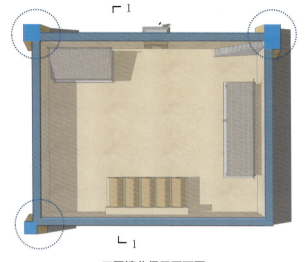  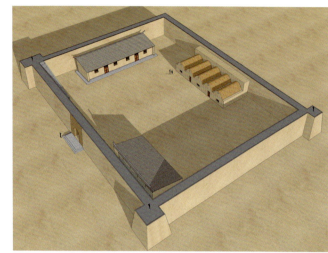

王团镇北堡子平面图　　　　　王团镇北堡子大门　　　　　王团镇北堡子安全防御模型示意图

　　堡子只有一个窄小的城门，高大的围墙顶部形成巡逻空间，此外，围墙顶部还安置了三个放哨空间，增强堡子的安全防御功能。

　　在战乱中，堡子因为军事需要而演变为极具防御功能的民居形制。高大厚重的围墙将院落包围其中。墙体下部宽、上部窄收分的构造方法，可避免墙体倒塌。堡子内部还分别设置了居住用房和粮食储备用房，以满足长期安全防御期间的供给需求。

1-1 剖透视图

节约耕地智慧

宁夏受地形及地质的影响,耕地面积有限,宁南山区的地坑院屋顶用于生产耕种,宁北灌区民居院落并联紧凑,这些院落空间组合方式均体现出节约耕地生态智慧。

彭阳县何塬村

节约耕地智慧

耕地是农村生存发展的物质基础，村落居住用地受生产用地的影响很大。在地形地貌复杂的宁夏，受地形及土质条件的限制，可供使用的土地资源面积少且质量偏低，人们必须通过合理利用土地来争取最大化的耕地面积。由此，宁南山区、宁中旱区、宁北灌区三大区域的村民分别探索出一条因地制宜的节约耕地的营建智慧。

不同地区典型村落节约耕地形式异同

三大地区	典例村落	村落平面	村落概况	节约耕地形式	
				不同点	共同点
宁南山区	彭阳县何塬村		黄土高原沟壑纵横，地形起伏大，何塬村受地形影响，以平坦的塬面作为耕地的可耕面积相对较少	何塬村聚落受地形限制呈现分散式的布局，各家各户在塬边塬下形成上耕下居的塬边窑、地坑窑，减少各家居住建筑占用耕地面积	各地村落均尽量选取地形平坦，土质、气候条件良好的区域作为耕地，居民建筑或其他建筑物则因地制宜选址建设，集约利用土地且不会侵占耕地，以此争取最大化的生产用地
宁中旱区	海原县菜园村		菜园村位于黄土高原西北部，菜园河穿行其间，山、水、林、田等自然资源丰富，半农半牧使得的生产方式使得聚落形态较为松散	菜园村村落形态是介于分散式与集中式之间的类型，其选取受河谷的滋养下土地肥沃、地形相对平坦的区域作为耕地，居住用地及其他建筑选址靠山临河，顺应地形布置	
宁北灌区	青铜峡市大坝营村		大坝营村地势较为平坦，灌渠众多，聚落逐水而居，沿渠呈线性集中分布。灌溉农田面积有限	大坝营村聚落呈现近渠而居的集中式布局，各家各户通过共用院墙紧凑布局，以此减少居住区整体占用的土地面积	

宁南的黄土山地丘陵沟壑密布，地区内塬、梁、峁均有分布，受地形地貌的影响，民居院落多以地坑窑、靠崖窑为主，选择不宜耕种的山坡建房，将塬顶的塬面和塬底的滩地良田留作耕地，从而实现节约耕地的目的。

窑洞分布及节约耕地营建策略

院落类型	剖面示意	分布地段	营建特征与居住智慧
地坑窑		沟壑土塬较为平坦的塬边地区	利用黄土特性，向下挖出四壁闭合的地下窑院，再向四壁挖掘营建窑洞。节约地面上的耕地面积
靠崖窑		山坡、台塬、沟壑的边缘区	顺应山势挖掘，直接利用当地黄土作为窑洞构筑材料，适应地形、不占用耕地

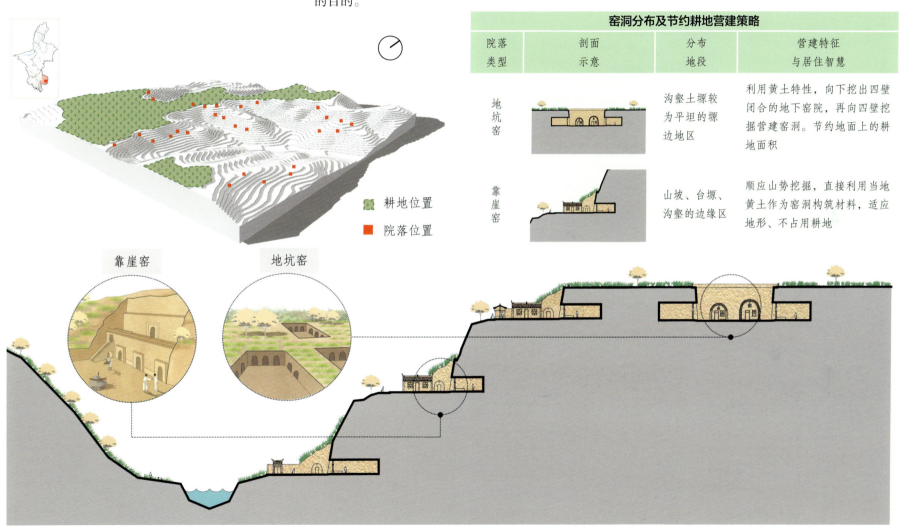

窑洞与耕地关系示意图

平坦的塬面宜于耕种，土塬边缘开始向河谷放坡，传统地坑窑即多建于此。一方面节约了塬面的耕地，另一方面可以利用缓坡塑造地坑院落形体，获得南向日照。除此之外，当地村民在河谷山坡及山脚处建有靠崖窑，目的是不占用河谷谷底的滩地良田。

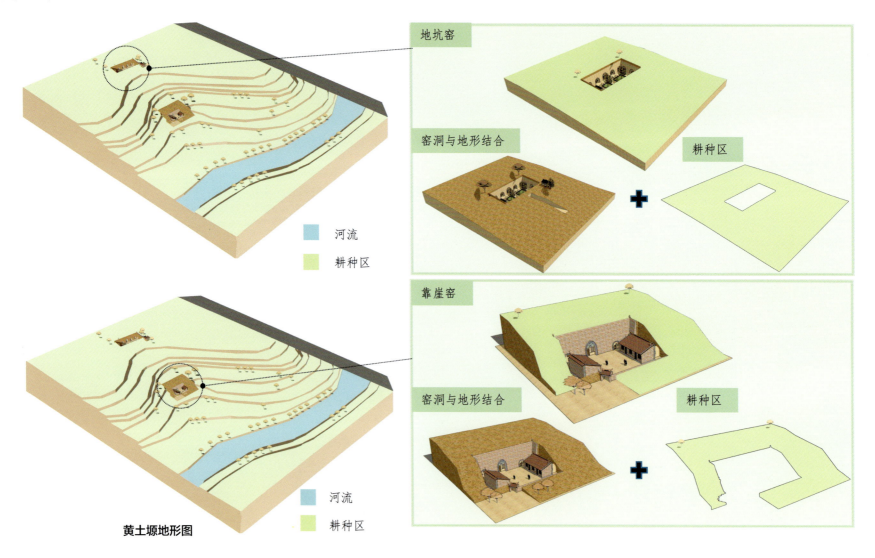

黄土塬地形图

宁夏北部灌区农田面积有限，为节约农田，乡村院落沿渠道进行线性并联布局，共用围墙组合院落，住区空间的紧凑有效实现了灌区耕田面积的最大化。对于一些不宜灌溉的地带，除了作为住区外也常作为村公共建筑和林木用地。

大坝营村落空间形态分析		
平面	空间示意	照片

大坝营村落沿渠道呈线性带状分布，农户院落整体排布且空间形态紧凑，农户间多共用围墙，尽量减少生活空间的建筑用地。利用挖渠堆土的原理，多将文化公共建筑布置在地形较高、不宜灌溉的位置，如此实现土地资源的集约利用

带状聚落形态

院落紧凑

■ 耕地　■ 林地　■ 民居建筑　■ 河流　■ 文化公共建筑

大坝营村平面图

大坝营村平面图

大坝营村地形图

文化公共建筑位置

图例：林地、耕地、民居建筑、河流、文化公共建筑

文化公共建筑所在位置

文化公共建筑实景

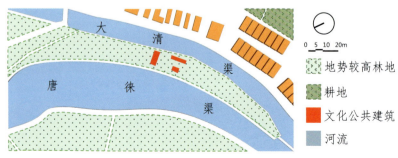

灌渠间狭长且不宜耕种的地区，常作为公共活动空间使用，一方面有效利用土地，另一方面实现节约耕地的目的

灌渠平面图

图例：地势较高林地、耕地、文化公共建筑、河流

适应地形智慧

宁夏地形地貌多样，无论是宁南山区、宁中旱区，还是宁北灌区，千百年来，当地村民创造了基于本土、适应地形的营建智慧。

海原县菜园村

适应地形智慧

宁夏地形地貌多样，千百年来，宁南山区、宁中旱区、宁北灌区的村民创造出适应地形的营建智慧。

在宁南山区，黄土沟壑纵横，人们居住的院落多以窑洞建筑为主。根据地形可将窑洞院落样式划分为直线形、L形、U形、折线形、口字形、凹弧形、凸弧形。

地形与院落布局类型	
形式	因地形不同而形成的院落平面样式
直线形	
L形	
U形	
折线形	
口字形	
凹弧形	
凸弧形	

凹弧形院落空间
（彭阳县秦沟村王宅）

直线形院落空间
（彭阳县姚河村徐宅）

口字形下沉院落空间
（彭阳县何塬村景宅）

宁南黄土丘陵地区地形变化最大，塬、梁、峁广泛分布，土塬的民居院落类型较为全面，从黄土塬纵向分布看，主要分为土塬塬面上的塬顶窑、土塬边缘的塬边窑、土塬山坡段的塬坡窑和土塬谷底的塬底窑。

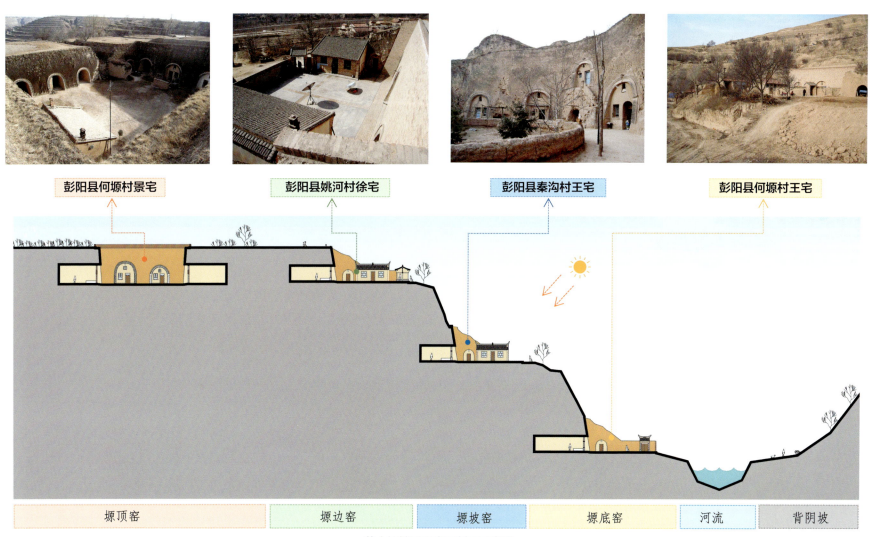

黄土塬地形及窑洞剖面示意图

靠崖窑的凹弧形院落在宁南山区普遍存在，村民利用山体阴角凹形地貌挖土建房，既有助于形成负阴抱阳的微气候环境，也节省了开挖的土方，减少了建设成本。彭阳县红河乡王宅即处在土塬的凹弧形山脚，王宅利用弧形地貌在南向建有大小不一的七孔窑洞，并利用高大土塬崖体建有两层的小型窑洞，总体形成独立完整的塬底窑院落。

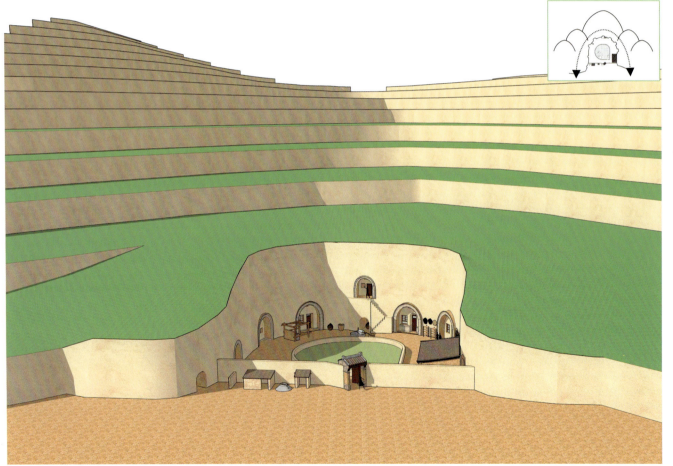

彭阳县红河乡局部卫星图

凹弧形窑洞院落（王宅）

王宅实景

利用山体凹形走势，在崖面挖土建窑，院落崖面北侧高、东西两侧低，南侧为凹形开口，窑洞院落与山势融为一体。

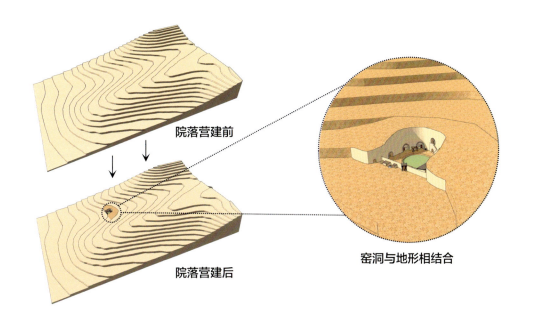

院落营建前
院落营建后
窑洞与地形相结合

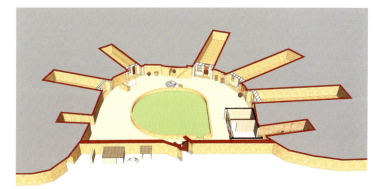

院落空间结构分析图

崖面高约12m，主体窑洞高度多在4m左右。在高大的崖面上建有高7.5m的两层窑洞，二层窑洞利用天然台地的高差，在原来一层窑洞的基础上开凿，一般称为高窑子。

窑洞一、二层实景　　　窑洞一、二层效果图　　　窑洞一、二层剖面图

集水利用智慧

宁夏干旱少雨，对水的渴望体现在乡村营建过程的方方面面。收集雪水、雨水而建设的水窖、涝池是传统生态智慧的具体代表。

海原县西安州古城涝池

集水利用智慧

宁夏地区总体干旱少雨,生产生活用水困难,为此,当地村民千百年来利用涝池、水窖等收集雨水,形成了一套具有地方特点的集水利用智慧。

海原县菜园村村民院落多建有水窖,为利用地表径流,村落中还建有两处涝池。从纵向高程看,各家各户的水窖属于初级集水设施,涝池位于村落住区的下部,属于二级集水设施。水窖和涝池有效收集降雨,一方面补充生产生活用水,另一方面起到防洪排涝的作用。

菜园村卫星图   菜园村涝池分布图

涝池功能示意图

王家井村涝池

西安州古城涝池

菜园村涝池

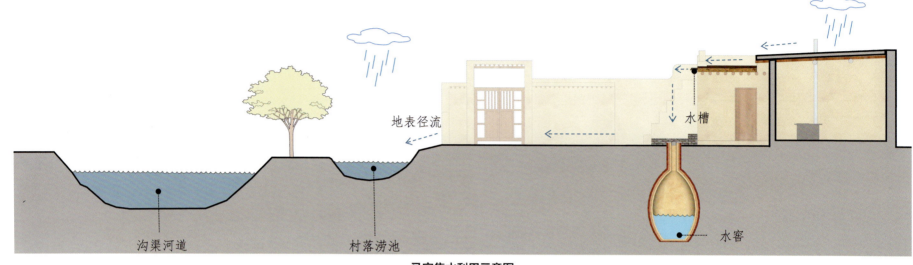

马宅集水利用示意图

集水构件、院落水窖、村落涝池、沟渠河道等组成了完整的集水利用系统。从初级收集的水窖、二级收集的涝池到三级河道的疏通，体现出村落营建传统生态智慧。涝池一般处于村落地势较低处，雨季时便于雨水的自然汇集，旱季时保证村落生产生活用水的正常供给（以中卫市中宁县喊叫水乡石泉村马宅为例）。

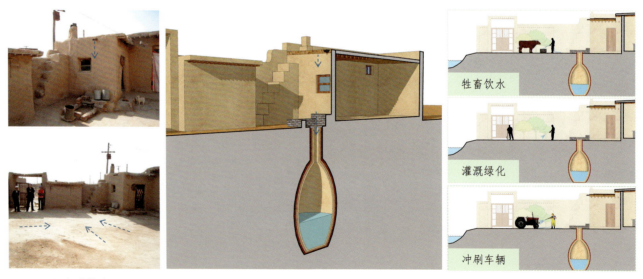

马宅院落实景　　**水窖集水示意图**　　**集水利用示意图**

宁南山区地坑院采用了"坑窖储水"的方法，即在地势比较低的雨水汇流处，垂直向下挖掘一坑，用来储存自然流入的雨水，或者在冬天将雪搜集起来填埋到里面。当地人将这种保存雨水、雪水的地下空间称为"窖"，样子像坛子，口小肚大，以减少蒸发表面积（以彭阳县何塬村景宅为例）。

景宅卫星图

景宅院落实景

景宅院落的明沟

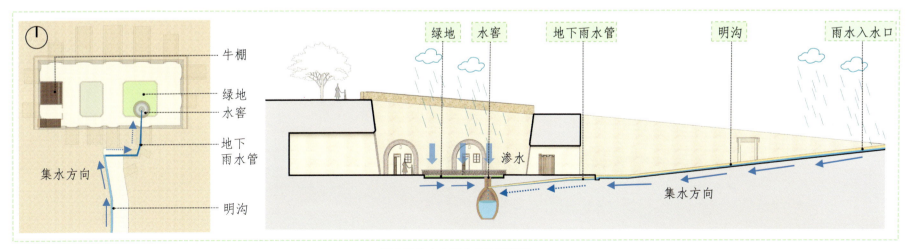

景宅院落水窖雨水收集示意图

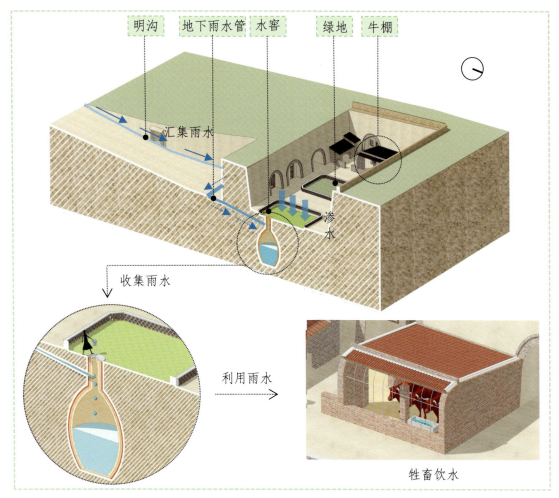

景宅院落水窖集水利用示意图

水窖一般可储存水的窖积为 20～30m³，村民一般使用窖水来满足食用、浇灌院内菜地、洗衣及喂养动物的需求。

水窖特点及结构

特点：水窖一般深 10～20m，在其内壁四周用不掺麦草的土坯砌筑加固，在表面涂抹细文泥或甜泥多遍，以达到平整光滑的效果。最外层则用红胶泥或黄胶泥做防渗处理

模型结构示意图

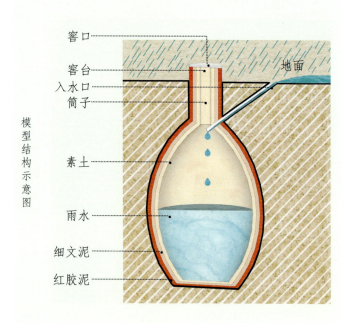

绿色储藏智慧

地窖、粮囤等是宁夏乡村院落营建中常见的储藏空间,埋于地下的地窖阴冷且温湿度稳定,保证了食物新鲜不变质。

中宁县喊叫水乡储粮间

绿色储藏智慧

宁夏地区使用地窖、粮囤等生活辅助设施作为储物空间，利用本土材料，节约成本，节能降耗，绿色环保，充分体现了绿色储藏智慧。乡村大多数农家院内都有地窖，这种地窖呈圆锥形或者方形，直径为 2~3m，深 1~2m，更深的有 3~4m，窖高 2~3m。地窖大多用来储藏蔬菜、水果、牲畜饲料等物品（以海原县西洼村姚宅为例）。

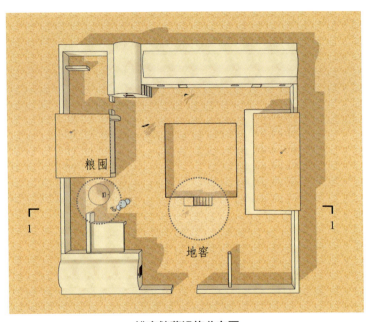

姚宅储藏设施分布图

1-1 地窖剖面图

姚宅地窖

地窖示意图

拥有"塞上江南"美誉的宁夏，农耕历史悠久。但受气候的影响，大量农产品需要长时间储存过冬，所以依靠地窖存储。农副产品长时间储存对储存空间的温度、湿度有着严格的要求。

农副产品适宜温度湿度区间表		
种类	温度（℃）	湿度（%）
马铃薯	3~5	80~85
芹菜	-2~0	90~95
萝卜	1~3	90~95
甜菜	0~1.5	88~92
大白菜	-2~2	85~90
苹果	0~1	85~90
梨	-3~1	85~93

一般选择地势高、背风向阳、不易渗水、易排水、质地较硬、有梯壁的坡地挖窖。为了便于管理和运输，通常选择院落房前屋后或种植基地的坡地挖窖，梯壁高度应高于地窖深度，朝向一般以南北向为宜。

储藏品进窖后，用石板将窖口封起来，利用土壤传热慢、地下温度、湿度相对稳定的恒温效果来储藏，农副产品的呼吸作用使窖内二氧化碳含量升高，氧气含量变低，储藏品能在较长的时间内保持新鲜。

中宁县喊叫水乡地窖

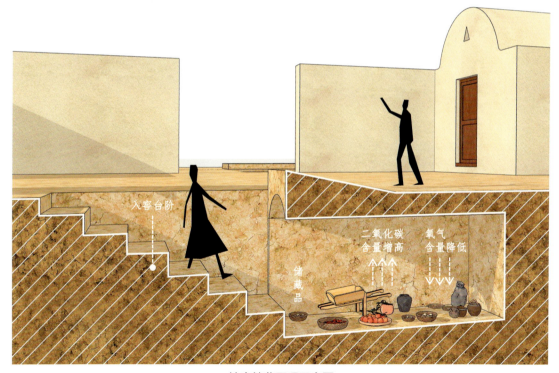

地窖储藏原理示意图

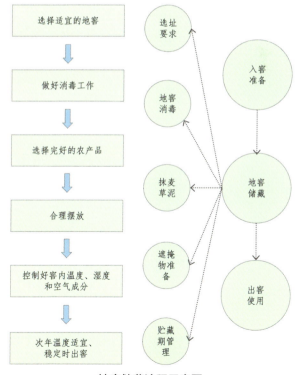

地窖储藏流程示意图

粮囤也体现了宁夏乡村营建传统生态智慧中的绿色储藏智慧。露天粮囤具有实用性、灵活性、低成本、建仓周期短、占地少等优点。同时粮囤储藏的粮食不易发霉，可以防潮、防鼠、防原虫，深受农民的欢迎。

粮食储藏空间在民居中很重要，宁夏西海固地区村民常在院内建土粮囤。其做法是用干的麦草或者柳条、苇席编织而成，内外糊上黄泥，呈圆锥状，2m多高，直径为60～120cm。

粮囤靠近顶部开存粮的入口，装有窗，底端留有小的囤口，用布团塞住，取粮时拿开，粮食自动流出。

小型的缸状存粮器具，用苇草编织而成，内外糊上黄泥，1m多高，开口有30cm左右

喊叫水乡粮囤照片

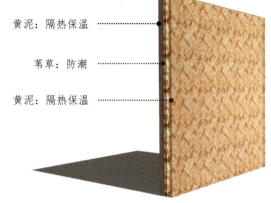

黄泥：隔热保温

苇草：防潮

黄泥：隔热保温

粮囤建材示意图

沿口：挡雨

窗扇：存粮/通风

囤口：取粮

粮囤示意图

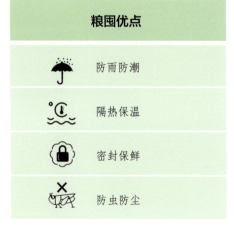

粮囤优点

防雨防潮

隔热保温

密封保鲜

防虫防尘

民居

　　宁夏民居自南向北主要分布着双坡屋顶民居、地坑院、靠崖窑洞、独立式窑洞、单坡顶民居、平顶民居等民居建筑类型，它们均具有"负阴抱阳、北高南低、规整紧凑、本土建材、乡土技艺、蓄热散热、资源利用"等生态智慧。本部分通过实地调研和民居建筑测绘，分析归纳宁夏传统民居营建中蕴含的顺应自然、人地和谐的生存经验，形成较为直观的图示化成果，以期为当前民居更新建设提供有益参考。

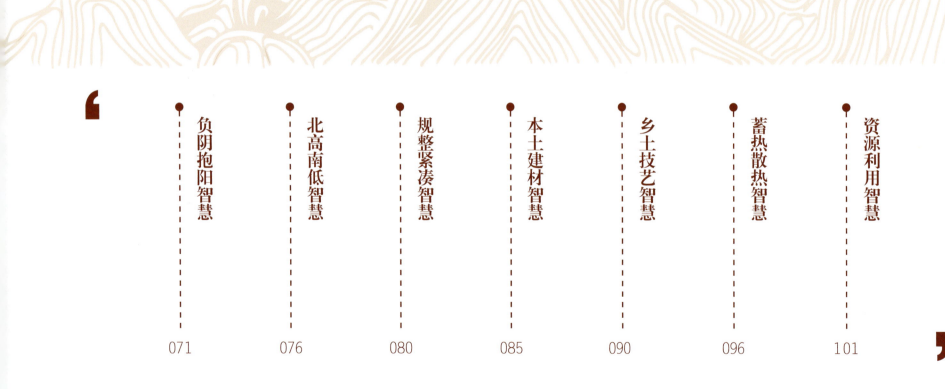

- 负阴抱阳智慧　071
- 北高南低智慧　076
- 规整紧凑智慧　080
- 本土建材智慧　085
- 乡土技艺智慧　090
- 蓄热散热智慧　096
- 资源利用智慧　101

负阴抱阳智慧

民居建筑的负阴抱阳的特点在宁南黄土高原丘陵山区尤为明显,人们根据地貌择址建房,背阴朝阳,具有中国传统风水理念。

彭阳县何塬村王宅

负阴抱阳智慧

负阴抱阳是传统民居普遍的营建思想，也是中国古代风水观念的体现，这种类型的民居在宁夏乡村广泛存在。负阴抱阳即背部朝北、面向南方，略微倾斜而坐的民居建筑布局形式。

彭阳县秦沟村王宅为靠崖窑院，沿凹形山体进行弧形院落组织，北依黄土塬坡可以遮挡西北寒风，南面塬谷洪河可以聚气取水，是传统民居负阴抱阳风水观念的典型代表。

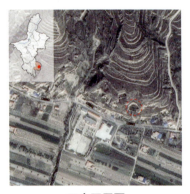

王宅卫星图

王宅窑洞实景

王宅院落

王宅模型图

彭阳县太阳高度角和方位角

太阳高度角变化轨迹	节气	时间	方位角	高度角
	夏至	09:00	东北 87°	38°
		12:00	东南 132°	73°
		18:00	西北 282°	24°
	春/秋分	09:00	东南 109°	23°
		12:00	东南 155°	51°
		18:00	西南 261°	12°
	冬至	09:00	东南 128°	9°
		12:00	东南 166°	29°
		17:00	西南 235°	7°

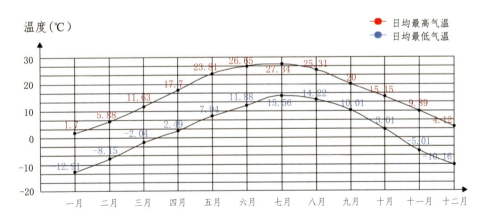

彭阳县全年气温变化示意图（数据来源：中央气象台）

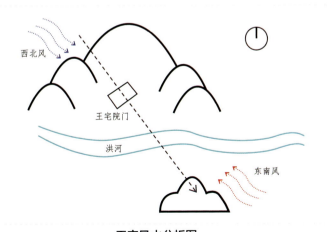

王宅风水分析图

太阳东升西落，院落整体朝向南方，受传统风水观念的影响，当地院门多朝向景胜之处。院门的不同朝向，也可调节院落微气候，引导风向和视线，营造民居的宜居环境。

王宅模型图

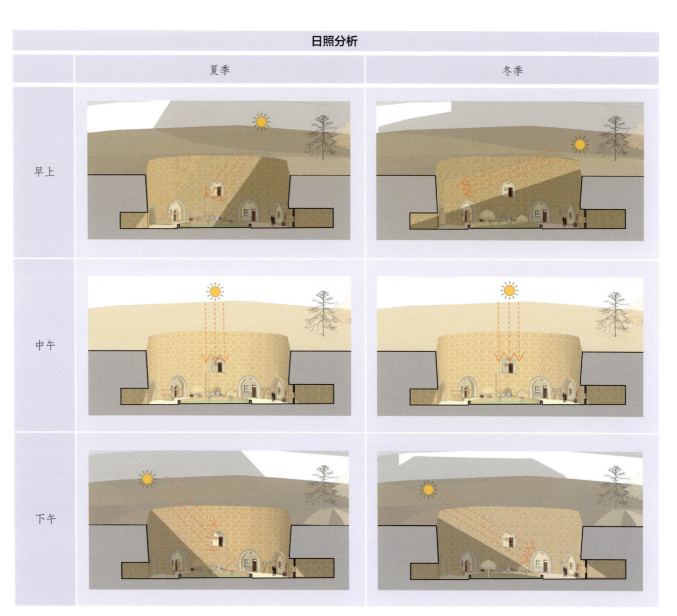

日照分析

	夏季	冬季
早上		
中午		
下午		

王宅太阳高度角分析图

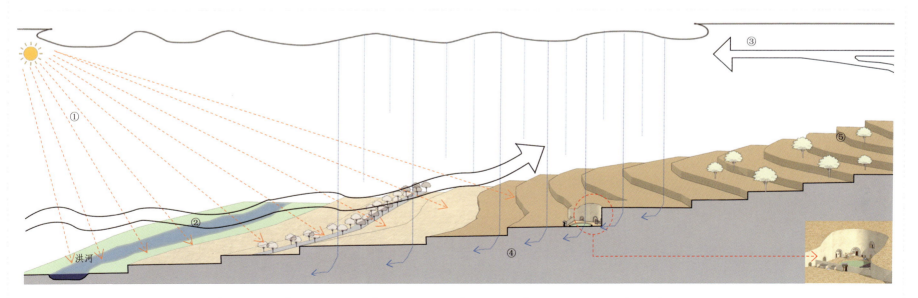

①良好日照；②接收夏日南风；③屏挡冬日寒流；④良好排水；⑤防风固沙，水土保持，调节小气候

王宅选址与生态关系

北高南低智慧

不论聚落选址、院落布局还是民居形态，北侧生活用房总是高于南侧的辅助用房，这为居民生活空间提供了良好的日照条件，因此宁夏民居具有鲜明的"北高南低"地域特征。

彭阳县何塬村景宅

北高南低智慧

宁夏地区纬度高、日照时间短，为取暖保温、获取更多有效日照，当地院落民居采用"北高南低"的民居营建方法，形成地区传统生态智慧之一。

彭阳县何塬村的景宅属黄土高原地坑院民居建筑类型，院内北侧为居住用房，南侧为生产附属用房，南侧窑洞及顶部院墙的高度均低于北侧窑洞，目的就是使得北侧居住用房日照时间最大化。

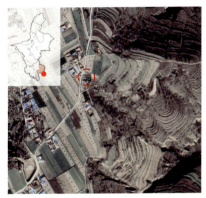
景宅卫星图

景宅实景

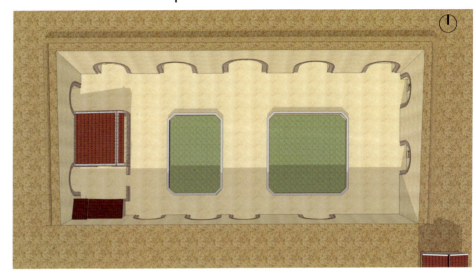
景宅平面透视图

景宅地坑院

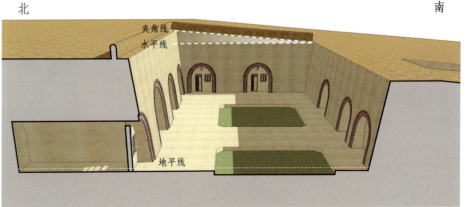
1-1 景宅剖透视图

何塬村景宅选址在北高南低的黄土塬边，院内北侧有窑洞五孔，作为家庭生活用房，北侧窑洞的高度为3.5m，均高于其他方向的窑洞。南侧窑洞屋顶不设女儿墙，也是为了不遮挡南向日照，使院内获取更多日照。

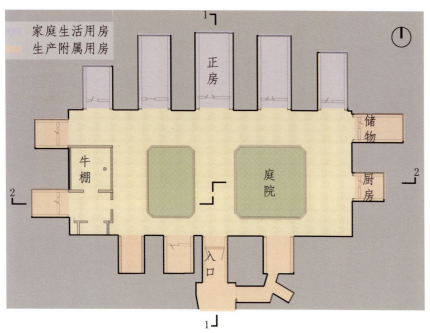

景宅平面图

景宅顶面透视图

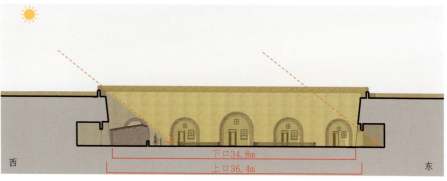

1-1 剖面图

2-2 剖面图

不论地坑窑、靠崖窑还是单体建筑，宁夏传统民居普遍具有"北高南低"的建筑特征。

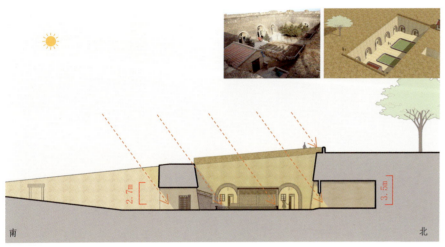
宁南山区景宅

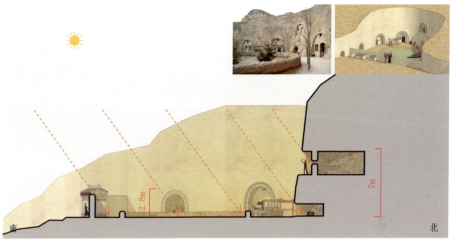
宁南山区王宅

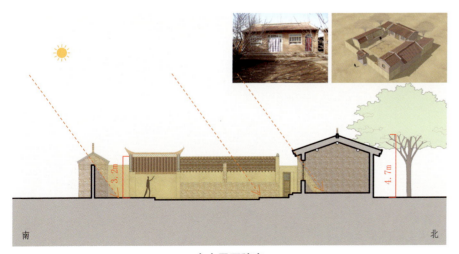
宁中旱区穆宅

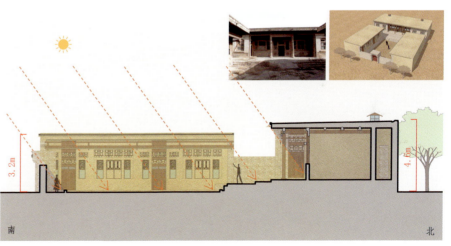
宁北灌区马宅

规整紧凑 智慧

宁夏乡村民居单体建筑的外观形态规整,内部房间的组合也十分紧凑,这均是为了减少建筑散热失能并有效应对本地长冬短夏自然气候的体现。

吴忠市柴园新村马宅

规整紧凑智慧

宁夏冬季严寒且时间较长,夏季较短且干旱少雨,当地传统民居单体建筑采用形态规整、空间紧凑的营建方法,尽量减少建筑外墙转折,从而减小外墙面积以避免建筑失热过多,实现室内良好保温。

吴忠市马宅形态规整、空间紧凑,院落整体由北侧正房和东西厢房三栋相对独立的建筑单体组成。

马宅卫星图

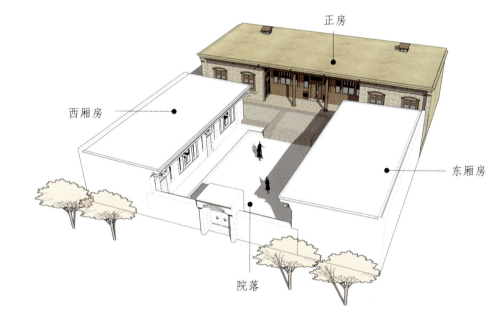

马宅正房

马宅正房模型图

马宅正房总面积为 131.35m², 室内高 3～4m。平面上空间布局紧凑，功能齐全，包含主要生活空间、阳光廊、角房和暗廊空间。

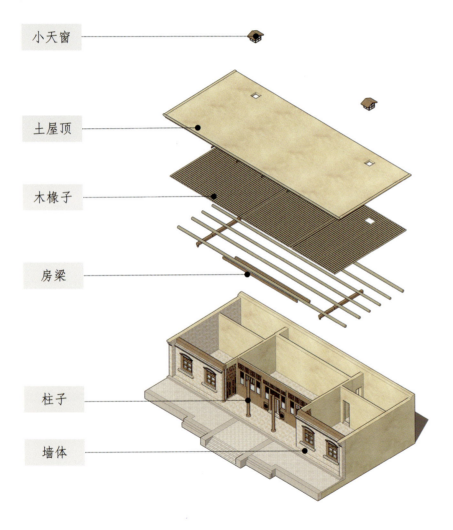

- 小天窗
- 土屋顶
- 木椽子
- 房梁
- 柱子
- 墙体

马宅正房结构示意图

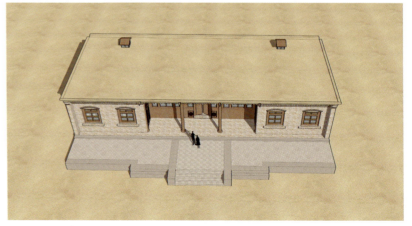

马宅正房模型图

院落正房由主房、东西卧房、东西角房、后墙暗廊和房前凹型阳光廊构成，整体为长22m、宽9m的长方体，空间紧凑、独立、完整。

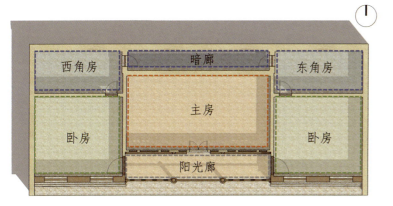

正房内部空间分布图

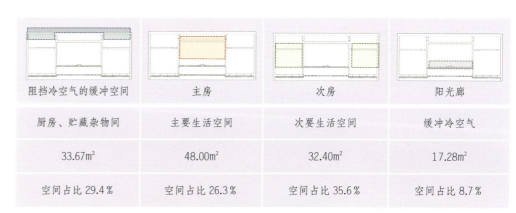

阻挡冷空气的缓冲空间	主房	次房	阳光廊
厨房、贮藏杂物间	主要生活空间	次要生活空间	缓冲冷空气
33.67m²	48.00m²	32.40m²	17.28m²
空间占比 29.4%	空间占比 26.3%	空间占比 35.6%	空间占比 8.7%

各空间面积占比及功能

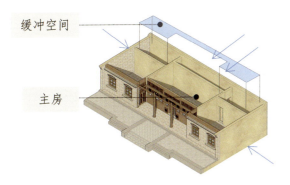

西北角、东北角的角房和北侧暗廊共同形成了房屋北侧寒冷空气阻尼区。这避免了南向主房和卧房的室温波动，取得了相对稳定的室温环境

缓冲空间防风示意图

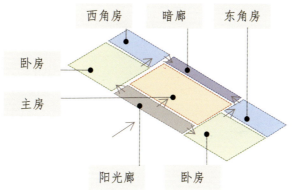

各空间紧密相连，空间利用最大化

正房空间示意图

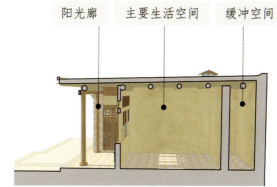

主要生活空间分布在建筑南北两侧的灰空间和阻尼区之间

主房进深空间分析图

马宅东西角房屋顶开有小天窗。每到夏季，利用房屋南侧房间热空气与北侧暗间冷空气的对流，实现室内通风散热。

小天窗设置在建筑西角房和东角房上方，为建筑北侧房间提供通风和采光

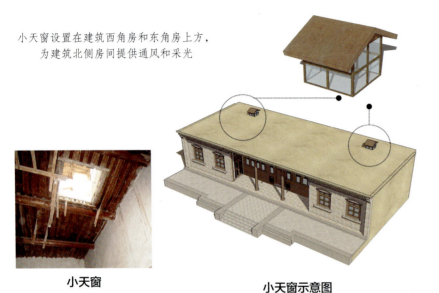

小天窗

小天窗示意图

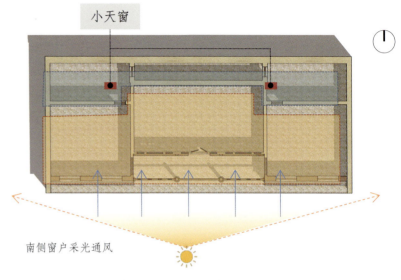

无法采光通风，需要小天窗使空气流通

南侧窗户采光通风

正房采光通风分区示意图

北侧房间无法获取南向阳光照射，小天窗满足采光需求

正房采光分析图

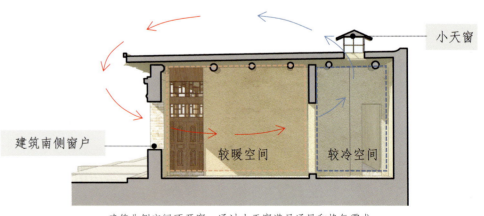

建筑南侧窗户　　较暖空间　　较冷空间

建筑北侧空间不开窗，通过小天窗满足通风和换气需求

小天窗的空气流通示意图

本土建材智慧

本土民居以宁夏地区丰富的黏土为主要建筑材料，制成适合当地建筑条件的土砖、土瓦等本土建材。因其就地取材，在整个宁夏地区都流行运用本土材料来建造房屋，具有鲜明的地域性特征。

海原县红星村马宅

本土建材智慧

受传统经济社会条件的制约,传统民居均采用本土建筑材料来营建。宁夏地区拥有丰富的黏土资源,因而传统民居凭借地区本土资源优势,形成土砖、土瓦等本土建材,配合当地木材,形成宁夏量大面广的土木建筑民居。海原县九彩坪穆宅是宁夏土木结构的典型民居之一。

穆宅卫星图

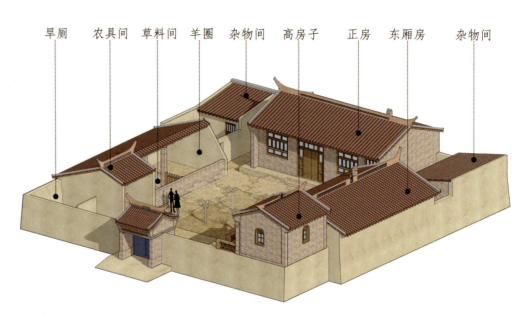

旱厕　农具间　草料间　羊圈　杂物间　高房子　正房　东厢房　杂物间

穆宅实景

穆宅模型示意图

穆宅营建就地取材，使用土砖、土坯、土瓦、木材、麦草泥等本土材料建造房屋。房屋硬山墙用土砖砌筑，其上为木檩条和木椽子，望板用草席编制，其上布置麦草泥，最后铺上土瓦，屋脊用红色土砖砌筑，形成完整的生土建筑体系，充分体现了当地本土建材智慧，具有鲜明的地域性特征。

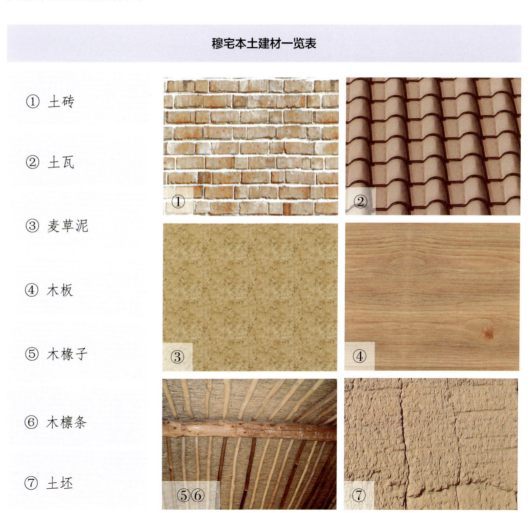

穆宅正房结构示意图

结构标注（自上而下）：屋脊、土瓦、麦草泥、望板、木椽子、木檩条、梁子、墙体

穆宅本土建材一览表

① 土砖
② 土瓦
③ 麦草泥
④ 木板
⑤ 木椽子
⑥ 木檩条
⑦ 土坯

从穆宅的东西向、南北向剖透视图来分析其建筑材料可知，房屋内部采用土坯，门窗多采用木材与玻璃，房屋外立面多采用土砖，充分展现了当地民居的本土建筑材料运用智慧。因其就地取材、经济实惠，所以这种民居在整个宁夏地区都很普遍。

土坯

土砖

木材

土瓦

土坯

穆宅实景

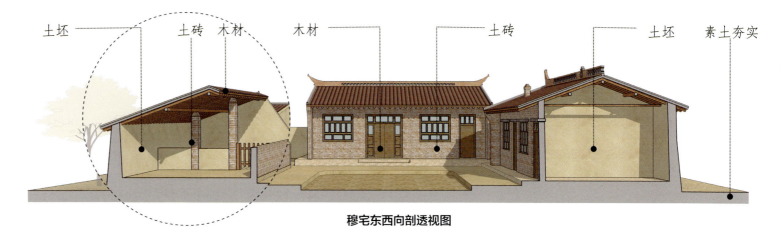

穆宅东西向剖透视图

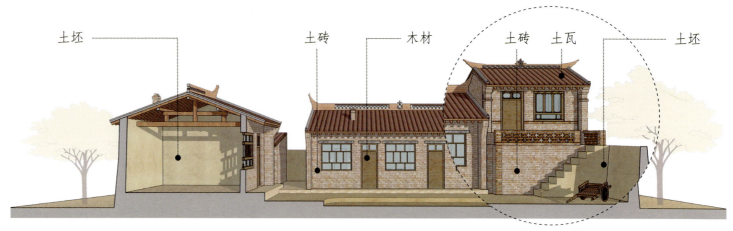

穆宅南北向剖透视图

本土建材优势为保持地方特色，传承乡土文化；就地取材，施工简易；造价低廉，兼顾实用；生态环保，循环利用。

黄土地区传统民居主要建筑材料

黄土地区传统民居主要建筑材料生命力评价

材料	属性	社会属性							物理属性				生命力
		就地取材	造价低廉	量大面广	施工简便	生态环保	周期短暂	循环利用	文化表现	安全稳固	耐久性长	保温隔热	隔湿防潮	
黄土	黄土窑洞	✓	✓	✓	✓	✓	✗	✓	✓	✗	✗	✓	✗	更新传统建筑技艺，创新建筑形式及建筑功能
	夯土	✓	✓	✓	✓	✓	✗	✓	✓	✗	✗	✓	✗	物理属性欠缺，通过改变材料来创新，合理使用
	土坯	✓	✓	✓	✓	✓	✗	✓	✓	✗	✗	✓	✗	物理属性欠缺，通过改变材料来创新，在文化表达中合理使用
木材		✓	✓	✓	✓	✓	✗	✓	✓	✓	✓	✓	✗	具有传统地域风貌，可创新木材构造形式，在节材节能的基础上传达地域建筑文化
石材		✓	✓	✗	✓	✗	✓	✓	✓	✓	✓	✗	✓	具有地域文化表达优势，物理属性稳定，可探索其多样的表现力
土砖		✓	✓	✓	✓	✗	✓	✓	✓	✓	✓	✓	✓	地域文化表达的优势及物理属性的稳定，使其具有长久的生命力
草泥		✓	✓	✓	✓	✓	✓	✓	✗	✗	✗	✓	✗	物理属性欠缺，但其地域文化表达的优势使其通过改性材料创新，能够合理使用

乡土技艺智慧

宁夏地区的居民利用当地的地形地貌和气候特征，采用生土作为建筑材料，创造出一套成熟的加工技术。这是当地独特的乡土营建技艺。

海原县西洼村姚宅

乡土技艺智慧

宁夏地区千百年来采用生土作建筑材料，形成了一整套包括夯土技术和土坯技术在内的成熟的加工技术，造就了当地独特的乡土营建技艺。位于海原县西安乡西洼村的姚宅就是很好的乡土营建技艺案例。姚宅所在的海原县多为梁峁残塬地带，植被稀疏，干旱少雨。民居建筑采用土坯砖及生土夯筑技术，建造平坡或单坡民居，同时发挥土坯建造技艺砌筑窑洞，形成当地特有的独立箍窑建筑类型。

姚宅卫星图

姚宅实景

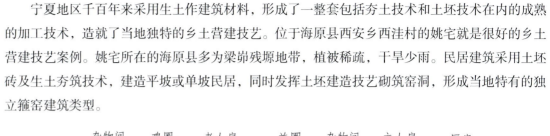

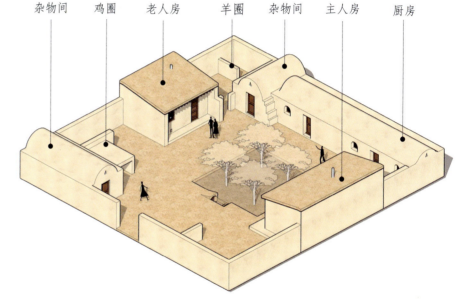

姚宅模型示意图

院内有正房、主人房、老人房，以及羊圈、储粮间等辅助用房。正房为独立式窑洞，进深 2.9m，连排面宽 17m，主要作杂物间及厨房使用。主人房房屋结构为硬山搁檩式墙体承重结构，两开间单坡土坯房。老人房与正房之间为羊圈。院落中间有 7m×6.5m 近正方形树池，树池一侧为地窖，可保持恒温，用来储藏蔬菜等食品。房屋整体为土坯生土建筑，很少装饰，粗犷质朴，体现了当地特殊地域环境下的房屋建筑特点。

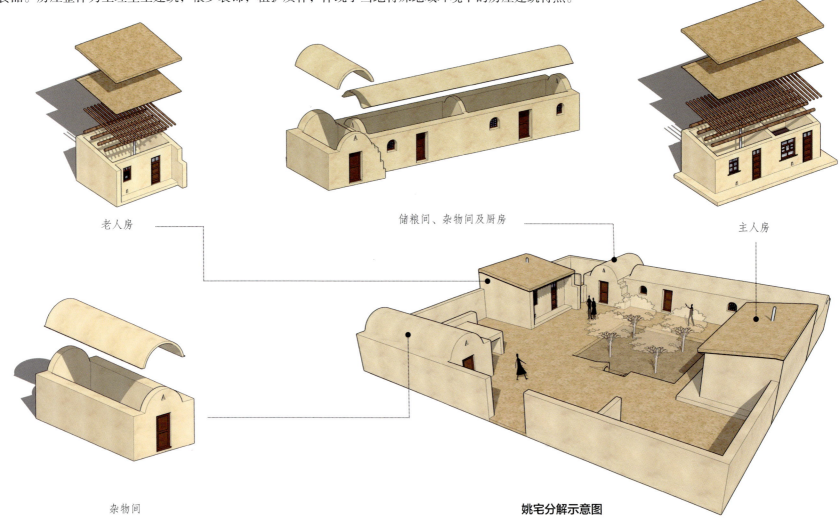

老人房

储粮间、杂物间及厨房

主人房

杂物间

姚宅分解示意图

当地多采用厚重的生土墙（50～100cm厚）作承重和围护结构，将高热容的生土（夯土、土坯砖等）、草泥等材料组合起来，作为一种白天吸热、晚上放热的"热接收器"，使住房达到较好的"冬暖夏凉"的效果。

夯土技术：按模板类型可分为椽筑法和版筑法。墙体经土层夯筑形成结实、密度大且缝隙少的压制混合泥块，墙体自重大，具有一定的承载力，墙体基础多为石材砌筑，可有效避免雨水侵蚀和风化。

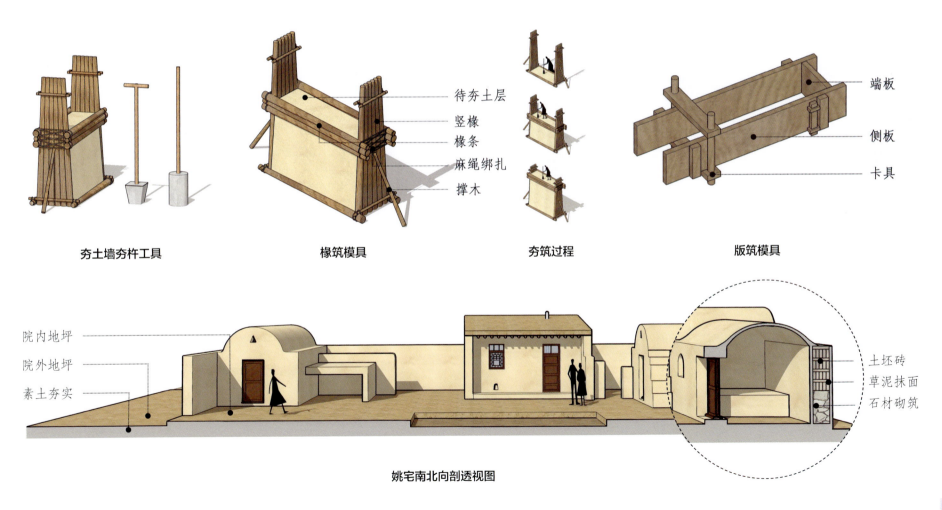

姚宅南北向剖透视图

土坯技术：宁夏海原地区所用土坯多为草泥坯。将黄土用水泡散，加入麦草或柠条等纤维材料，搅拌均匀后装在木制土坯模具中，压实后倒出，干透即为土坯成品。土坯尺寸灵活，应用方式多样，施工难度小，但承载力与抗雨水侵蚀能力较差，多作为填充材料，包括墙体填充、土坯拱、灶台、炕等。

土坯砖制作过程

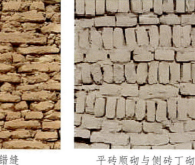
平砖顺砌错缝

侧砖、平砖顺砌与侧砖丁砌

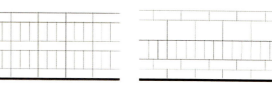

生土块全砌

平砖丁砌与侧砖顺砌

侧砖丁砌与平砖丁砌

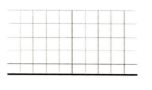

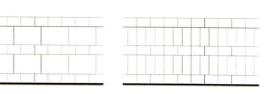

土坯砌筑技艺

草泥抹面：通常为乡土建筑营造的最后一步，主要起装饰美化作用，可极大地弥补粗放的施工技术的不足。将干草料（麦草、稻草等）铡成10cm左右的短节，与黄土加水搅拌均匀制成草泥，放置适当时长，待草料吸水柔化后均匀涂抹在民居墙体的外表面，可以通过加入白灰的方式调整草泥颜色。草泥抹面的优点有：粘接能力强，不易脱落，可以填补缝隙孔洞，保护建筑的内部结构；表面光滑平整，美化墙体外观；具有一定的抗雨水侵蚀能力，易修补。

乡土建筑技艺

建筑材料	结构形式	能源利用
生土、土坯、草泥、砖石等传统材料	传统窑洞拱券技术 传统夯土墙体	以传统燃料为主

宁夏地区寒冷干旱，昼夜温差大，防寒是房屋建筑技术的重点。当地民居普遍用生土建房，屋顶多采用平顶及单坡顶。受特殊的地理环境影响，房屋多为独立式窑洞，做到尽可能地节约木材。

姚宅东西向剖透视图　　　　　　　　　　姚宅主人房结构示意图

蓄热散热智慧

独立式箍窑冬暖夏凉,具有较好的热物理环境,蕴含传统蓄热散热智慧。

海原县西洼村李宅

蓄热散热智慧

宁夏气候冬长夏短,建筑必须做到保温蓄热以应对严寒天气,同时,要适当通风以解决夏季散热难题,宁夏的独立式箍窑在这方面具有代表性。独立式箍窑主要分布在宁中旱区一带,是一种拱形无覆土的窑洞类型,当地称为箍窑。箍窑一般体量不大,面宽和进深为4m、6m左右,且多为横向联排布置。箍窑冬暖夏凉,具有较好的热物理环境,蕴含传统蓄热散热智慧。独立箍窑日渐消失,同心县王团镇仍有少量遗存。

同心县王宅卫星图

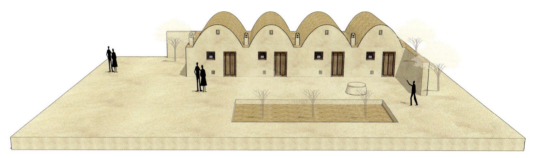

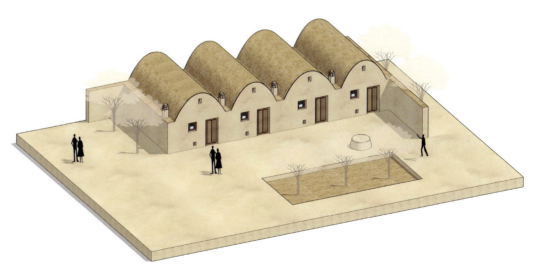

同心县王宅实景

同心县王宅模型示意图

当地箍窑屋顶和窑腿，通常采用生土、碎砖、碎石、瓦砾等建筑材料填充，热惰性好，冬季可保证恒温，夏季可保证恒湿；窑顶呈尖圆拱形，先是土坯发券，然后用黄土和麦草粗泥涂抹表面，晾干后再抹层黄土和麦衣的细泥，平整光滑，具有鲜明的地域特色。

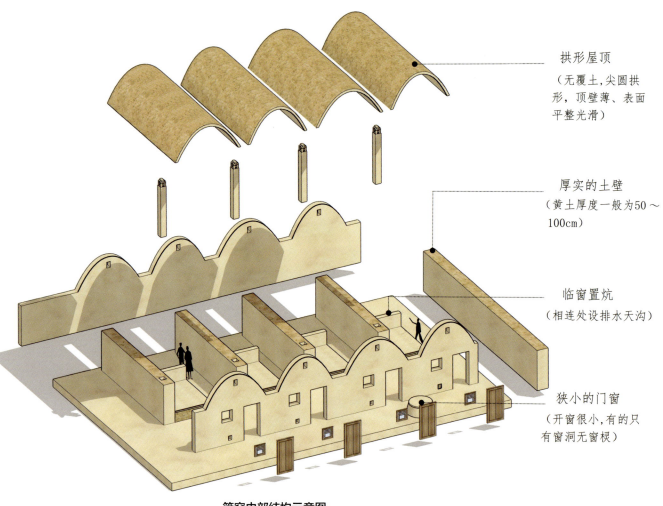

拱形屋顶
（无覆土，尖圆拱形，顶壁薄、表面平整光滑）

厚实的土壁
（黄土厚度一般为50～100cm）

临窗置炕
（相连处设排水天沟）

狭小的门窗
（开窗很小，有的只有窗洞无窗棂）

箍窑内部结构示意图

同心县太阳辐射表（数据来源：《同心县志》）												单位：MJ/m²
月份	一	二	三	四	五	六	七	八	九	十	十一	十二	全年
太阳辐射	318.99	387.52	493.32	577.21	707.61	734.68	678.56	626.90	462.19	454.60	346.80	314.19	6102.57

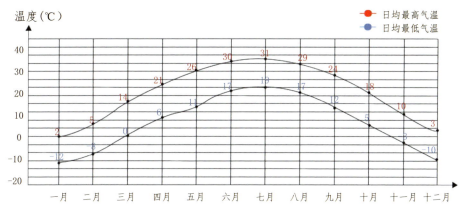

同心县全年气温变化示意图（数据来源：中央气象台）

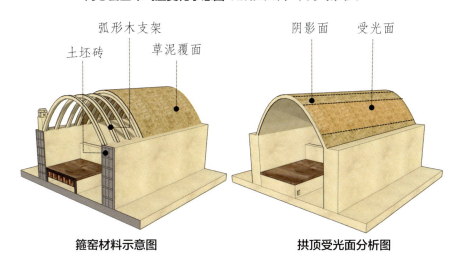

箍窑材料示意图　　**拱顶受光面分析图**

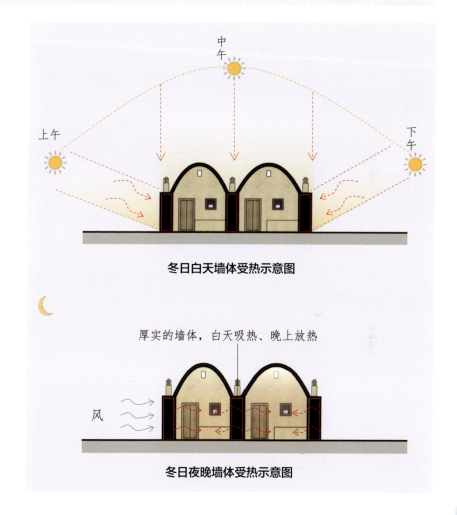

冬日白天墙体受热示意图

冬日夜晚墙体受热示意图

受热散热分析

时间	屋顶受热	散热分析	屋内蓄热与散热
早上		夏至日早上太阳从东边升起,屋顶受热面在东边拱顶面上,顶壁薄,热量不会储存	两侧窗洞与窗户封住可蓄热 冬季屋内蓄热示意图
中午		夏至日中午是太阳辐射最大的时候,此时拱顶顶点处受热面小,屋顶受热少,受热进入循环	夏季西南风自下部窗户进来,上部小天窗就像一个抽风口一样将风不断拔出,循环不停,形成良好的通风系统
下午		夏至日下午屋顶受热面转至西面,东边与顶点已经成为阴影面,屋内热量循环,不会储存于屋内	出风口　出风口　进风口 夏季室内通风示意图

图例：受热面、阴影面、受热循环

宁夏地区寒冷干旱,昼夜温差大,防寒是房屋建筑技术的重点。箍窑墙体较厚,顶壁较薄,厚实的土壁遇风不受影响,能较好地储存热量。白天受到阳光照射,热量缓缓到达屋内,晚上墙体经历一个散热的过程,成为一种白天吸热、晚上放热的"热接收器"。箍窑上方两侧有两个孔洞,冬天时封上可蓄热,夏天时打开两侧可通风。

资源利用智慧

传统乡村十分重视可再生资源的循环利用。宁夏乡村废弃秸秆等经收集加工后,可作为建筑材料和生活用能原料。

海原县九彩坪村穆宅

资源利用智慧

传统民居广泛采用农业废弃物的生物质资源作为建筑用能原料。火炕、火灶等设施是传统民居建筑重要的组成部分，它们使用的就是当地的秸秆等农业废弃物。农村生物质资源丰富，本土传统用能模式可变废为宝，具有明显的生态循环利用的智慧。

同心县王宅的火炕，炕高600mm，火灶与火炕相连，俗称灶连炕。做饭时燃烧的热源能够使室内温度快速上升，在冬季起到良好的蓄热保温作用。

同心县王宅实景

王宅灶连炕示意图

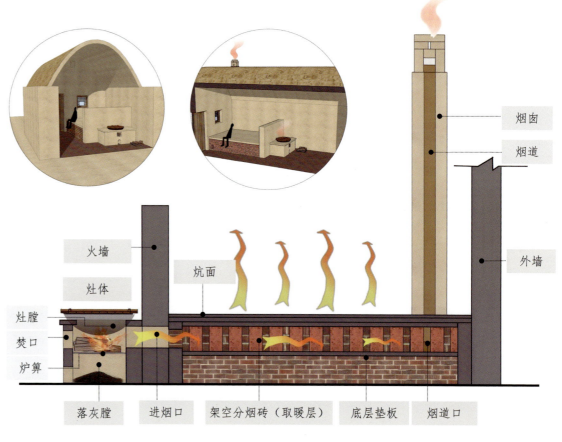

火炕取暖原理示意图

室内火炕热量扩散示意图

王宅窑洞炕体内部构造示意图

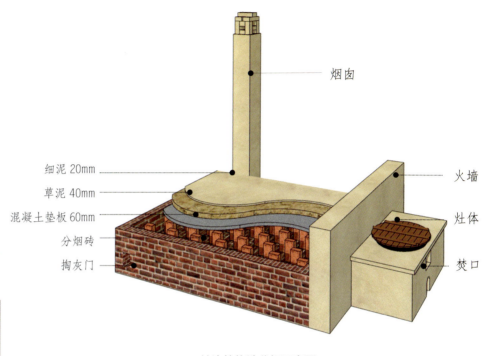

灶连炕构造分解示意图

炕洞是炕体中最重要的构造，主要作用是引导烟气走向。花洞式炕洞能够使烟气在炕洞内无序流动，使炕面热得快且受热均匀，具有良好的保温储热能力，施工简单。

宁夏乡村生物质资源循环利用

燃料来源

玉米秆、麦秸秆、玉米芯、枯树枝等农作物的秸秆用来作为做饭、取暖的燃料，不仅节约成本、就地取材，也提高了生物质资源的使用率

本土建材

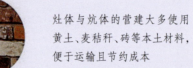

灶体与炕体的营建大多使用黄土、麦秸秆、砖等本土材料，便于运输且节约成本

燃烧后产物再利用

燃烧生物质资源能提供热量，供人取暖，燃烧后的草木灰能预防虫害，保护植物根系，是植物和农田的养料，是天然的农家肥。这样就形成资源的良性循环

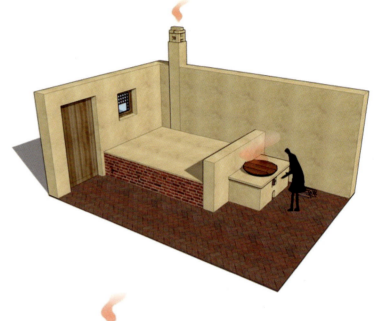

室内灶连炕示意图

附图

中国两千多年的农业社会所塑造的地方乡土民居,在长期的自然与人文环境影响下,形成了独特的建筑样式。然而,近二十多年来,随着社会经济的快速发展,中国的乡土建筑发生了巨大变化,尤其是乡土民居,传统风貌已大量减少。

图册中所涉及的民居案例,除个别文保建筑外,大多是20年前的建筑,如今多数已被拆除并改建。这些案例成为地方传统乡土民居的重要记录和回忆。我们选取了宁夏地区12个典型案例,通过测绘、图像、模型等方式,记录下那个时期乡土建筑的风貌,以期保护和传承地方的建筑文脉。

景宅
地坑院民居模型
彭阳县红河乡何塬村
107

姚宅
土坯民居模型
中卫市海原县西安乡西洼村
113

马宅
平顶房民居模型
吴忠市利通区柴园新村
119

王宅
独立式箍窑民居模型
吴忠市同心县王团村
125

九彩坪村堡子
屯堡建筑模型
海原县九彩乡九彩坪村
130

马宅
土坯民居模型
中宁县喊叫水乡石泉村
135

马宅
砖木民居模型
海原县李俊乡红星村
141

穆宅
砖木民居模型
海原县九彩乡九彩坪村
147

王宅
靠崖窑民居模型
固原市彭阳县红河乡秦沟村
154

徐宅
靠崖窑民居模型
固原市彭阳县白阳镇姚河村
160

王团镇北堡子
屯堡建筑模型
同心县王团镇
166

宁南地区窑洞
窑洞类型模型
固原市彭阳县何塬村
171

景宅——地坑院民居模型

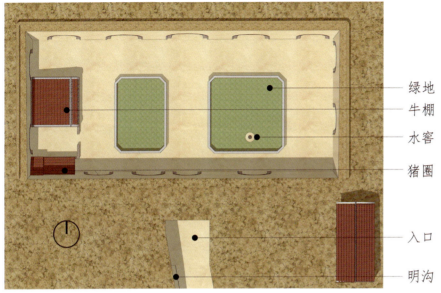

绿地
牛棚
水窖
猪圈
入口
明沟

景宅模型平面图

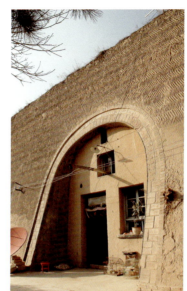

景宅实景

景宅模型效果图1

景宅模型效果图2

景宅模型效果图 3

景宅模型效果图 4

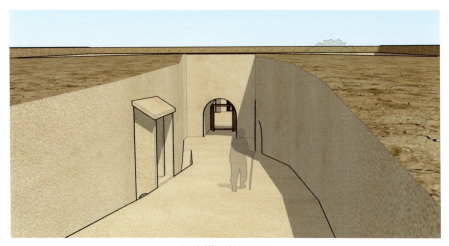

景宅模型效果图 5

景宅模型效果图 6

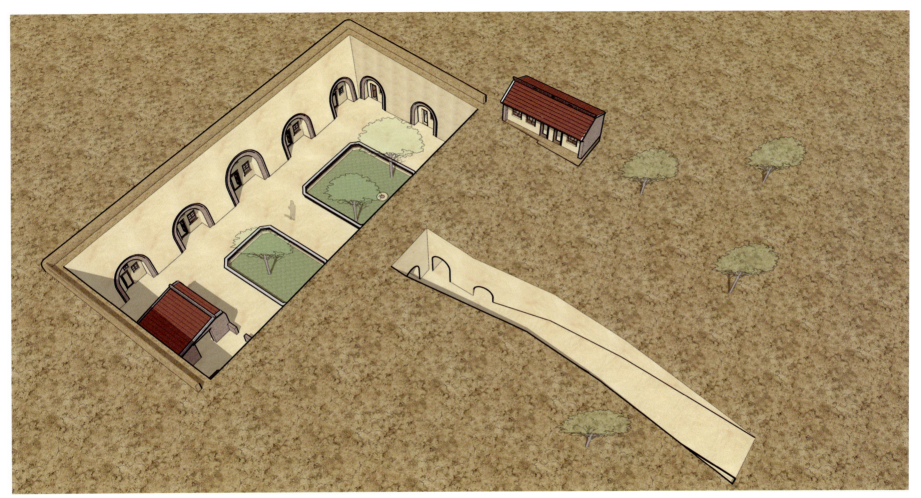

景宅模型效果图 7

平面图　　　　　　　　　　　　　　　　　　　　屋顶平面图

1-1 剖面图　　0　1　2　　5m

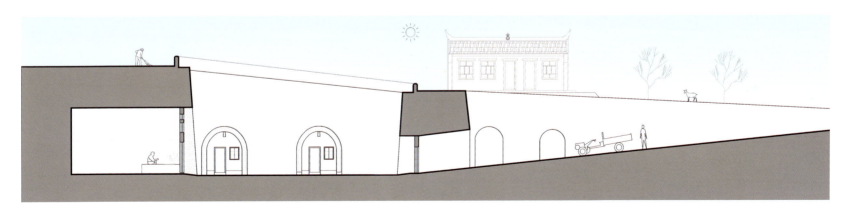

2-2 剖面图　　0　1.5　3　　7.5m

景宅——地坑院民居模型

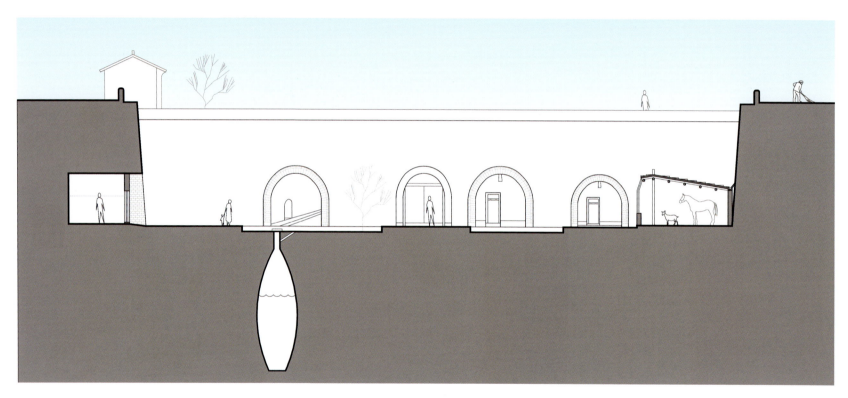

3-3 剖面图

姚宅——土坯民居模型

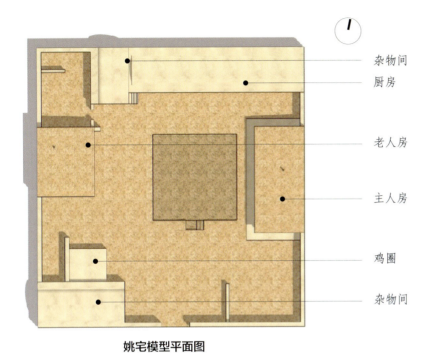

杂物间
厨房
老人房
主人房
鸡圈
杂物间

姚宅模型平面图

姚宅实景照片

姚宅模型效果图1

姚宅模型效果图2

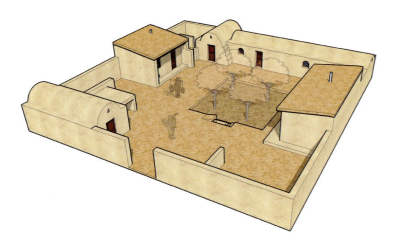

姚宅模型效果图 3

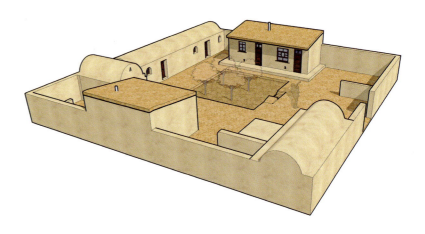

姚宅模型效果图 4

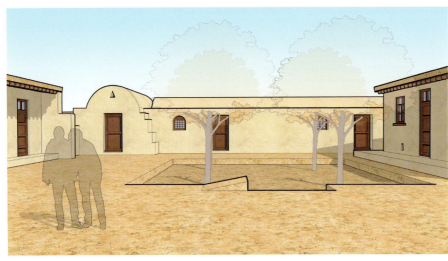

姚宅模型效果图 5

姚宅模型效果图 6

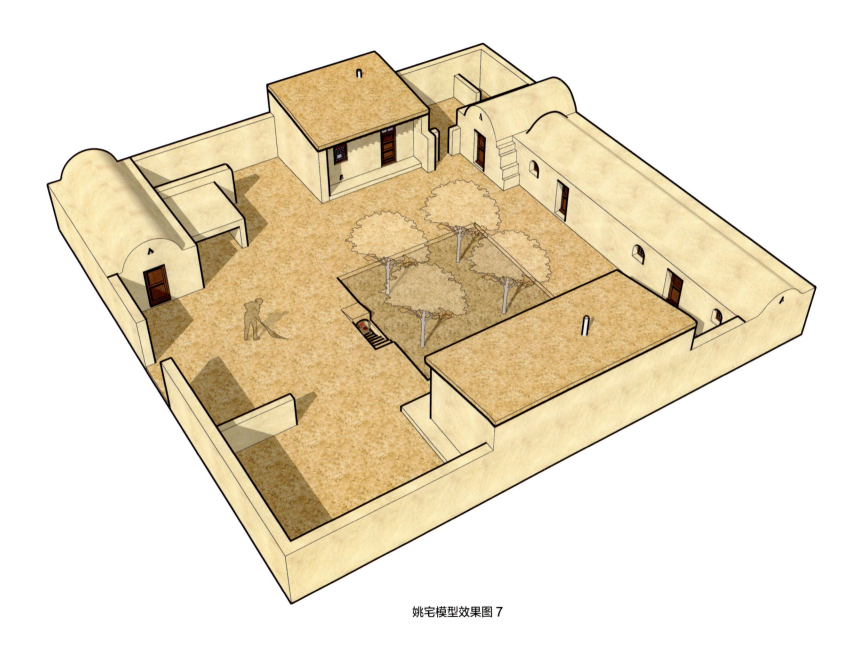

姚宅模型效果图 7

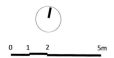

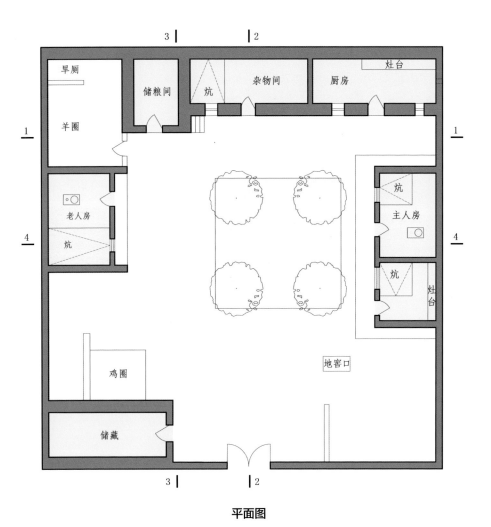

平面图

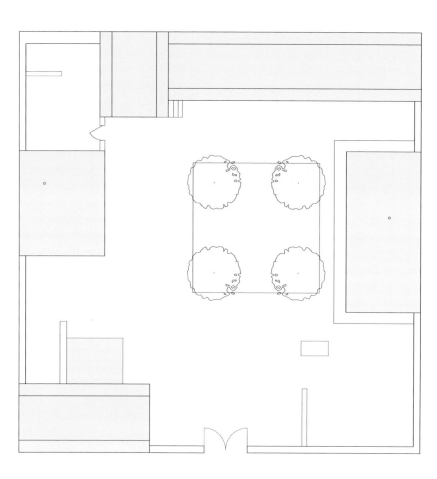

屋顶平面图

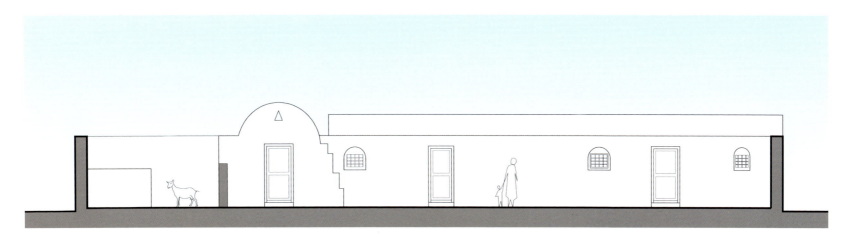

1-1 剖面图

2-2 剖面图

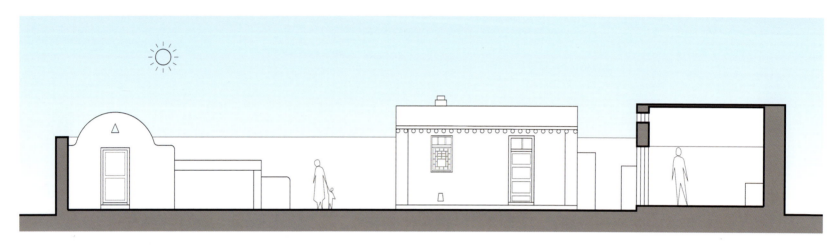

3-3 剖面图

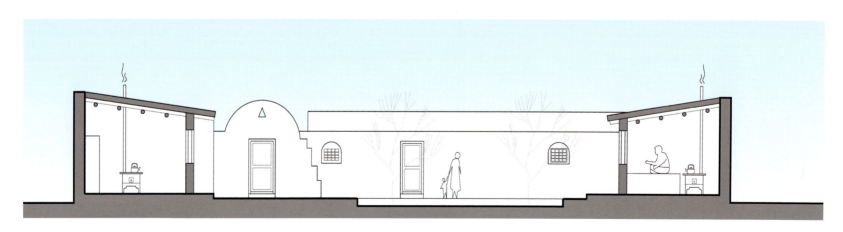

4-4 剖面图

马宅——平顶房民居模型

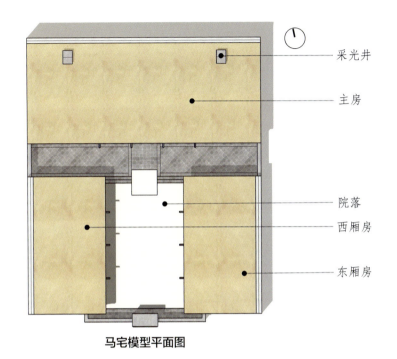

采光井
主房
院落
西厢房
东厢房

马宅模型平面图

马宅主房实景照片

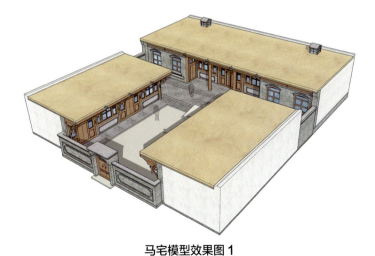

马宅模型效果图1

马宅模型效果图2

马宅模型效果图 3

马宅模型效果图 4

马宅模型效果图 5

马宅模型效果图 6

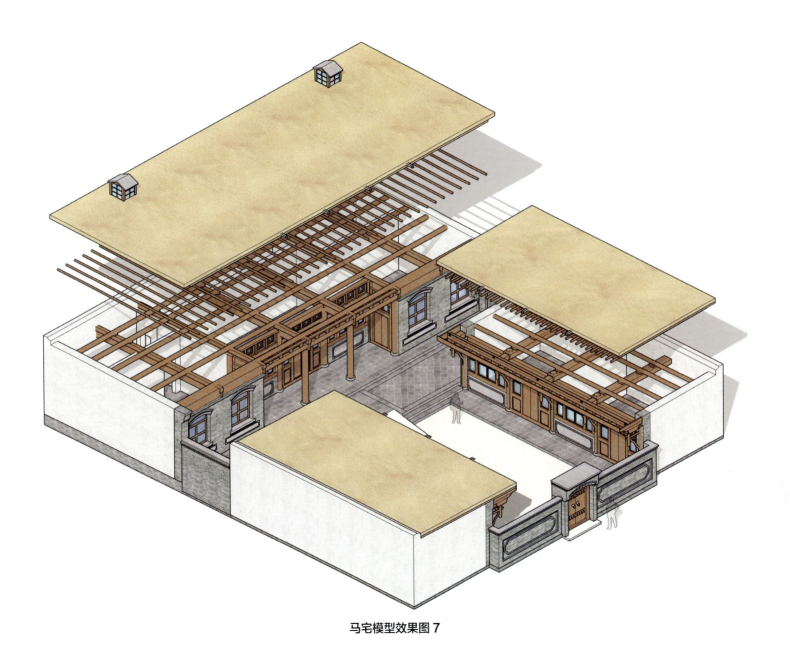

马宅模型效果图 7

采光井

平面图

屋顶平面图

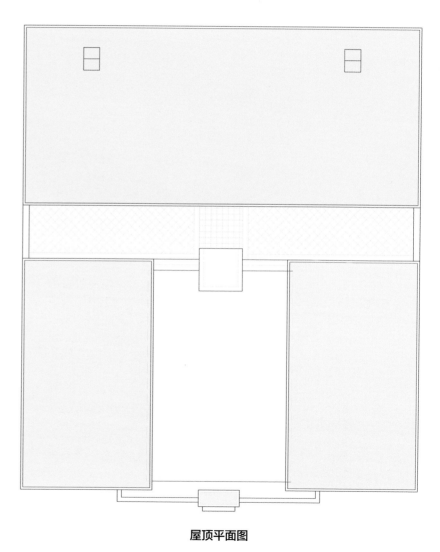

1-1 剖面图

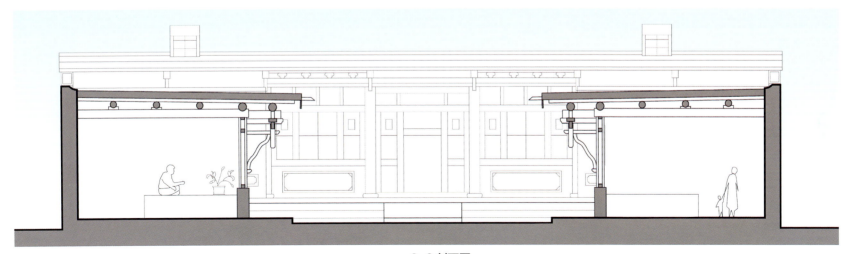

2-2 剖面图

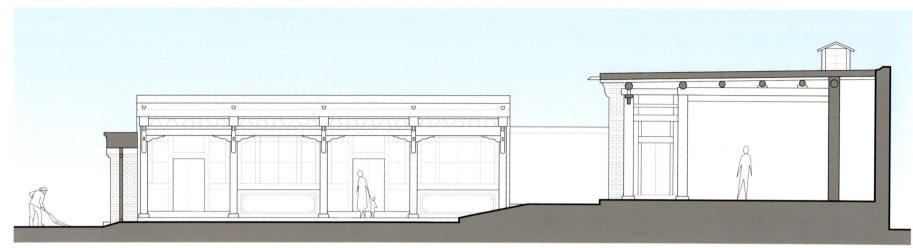

3-3 剖面图　　0　0.5　1　2m

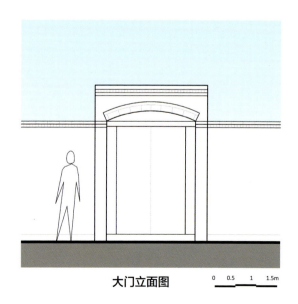

大门立面图　　0　0.5　1　1.5m

王宅——独立式箍窑民居模型

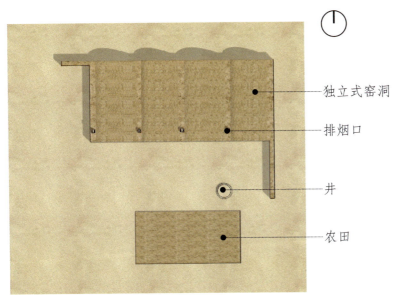

- 独立式窑洞
- 排烟口
- 井
- 农田

王宅模型平面图

王宅模型实景照片

王宅模型效果图 1

王宅模型效果图 2

王宅模型效果图 3

王宅模型效果图 4

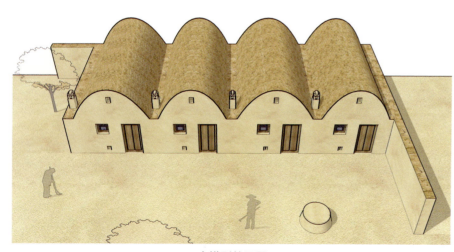
王宅模型效果图 5

王宅模型效果图 6

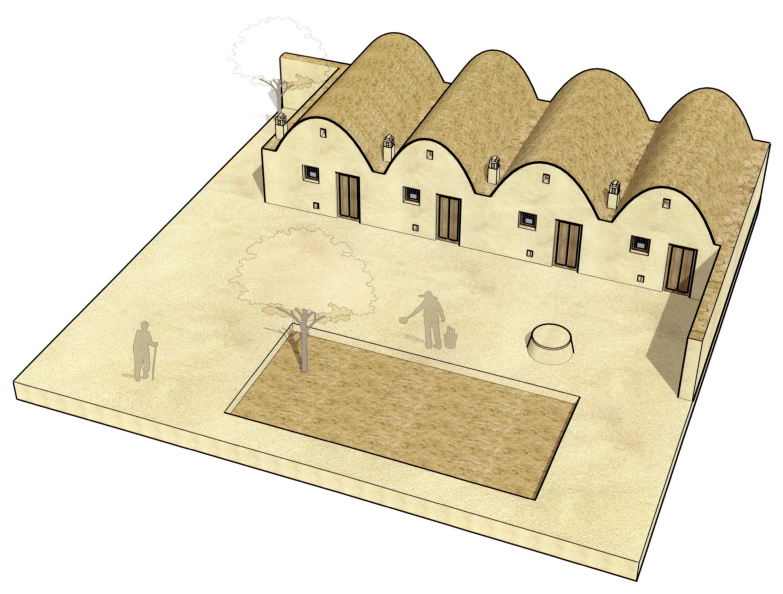

王宅模型效果图 7

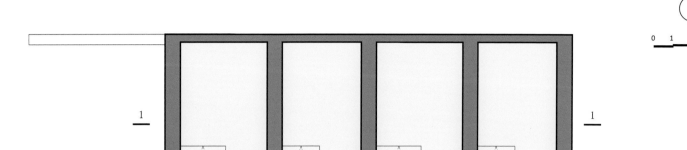

平面图

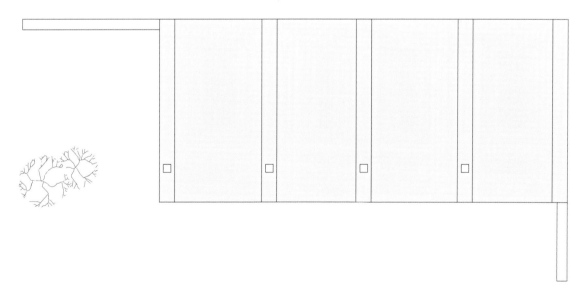

屋顶平面图

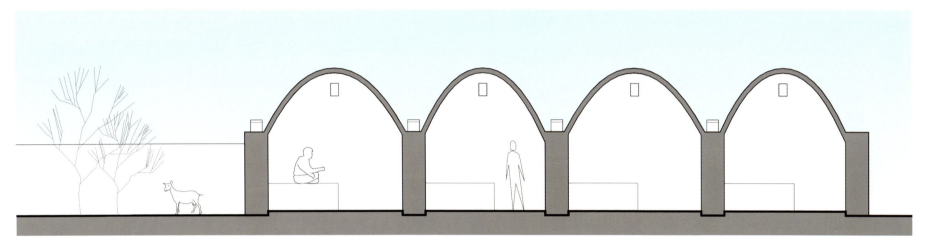

1-1 剖面图

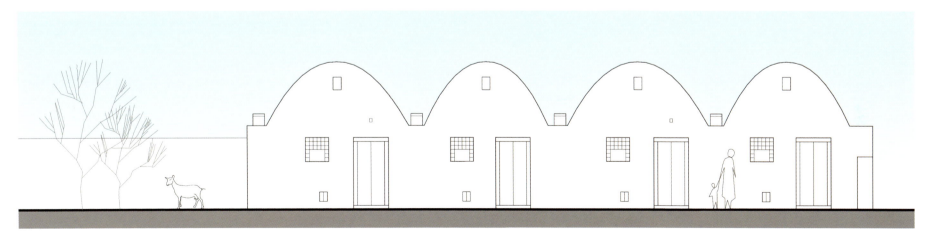

正立面

王宅——独立式箍窑民居模型

九彩坪村堡子——屯堡建筑模型

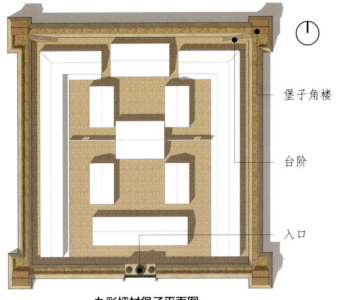

堡子角楼
台阶
入口

九彩坪村堡子平面图

九彩坪村堡子实景照片

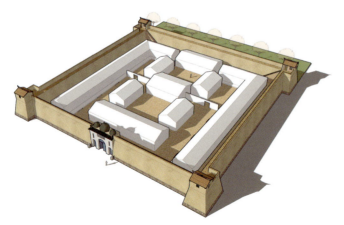

九彩坪村堡子模型效果图1

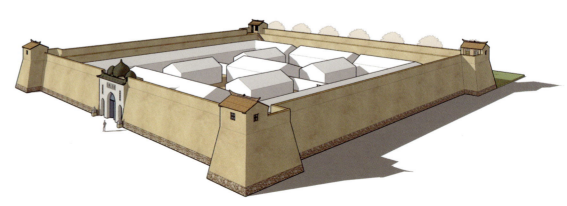

九彩坪村堡子模型效果图2

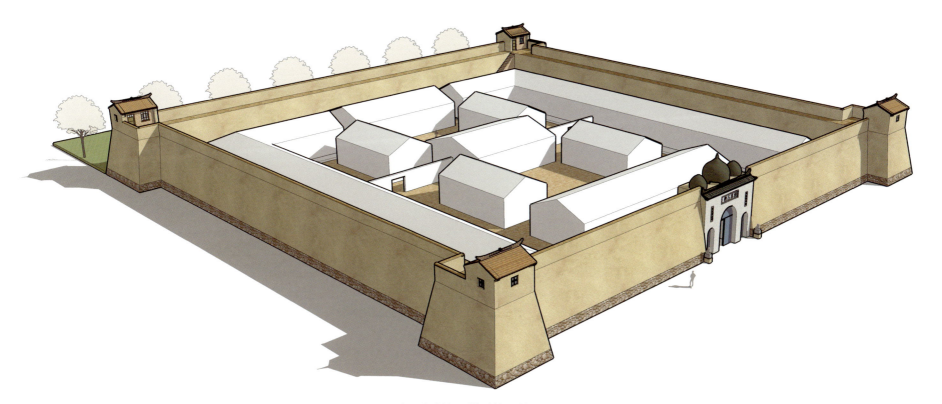

九彩坪村堡子模型效果图 3

九彩坪村堡子模型效果图 4

九彩坪村堡子模型效果图 5

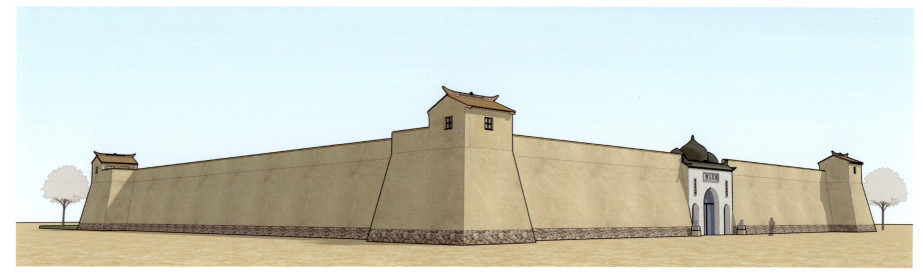

九彩坪村堡子模型效果图 6

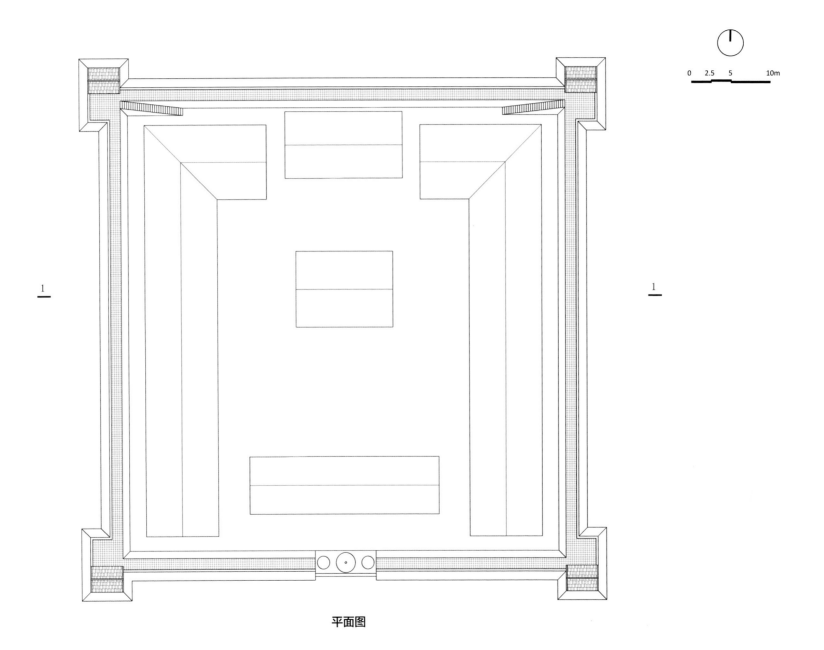

平面图

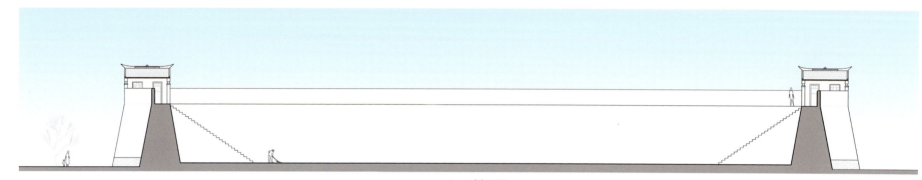

1-1 剖面图

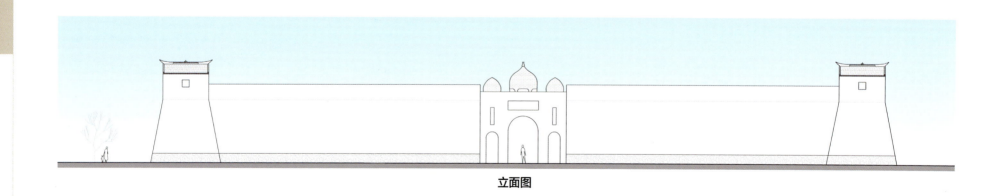

立面图

马宅——土坯民居模型

旱厕
农具间
净房
地窖
老人房
水窖
粮窖
菜地

马宅模型平面图

马宅实景照片

马宅模型效果图 1

马宅模型效果图 2

马宅模型效果图 3

马宅模型效果图 4

马宅模型效果图 5

马宅模型效果图 6

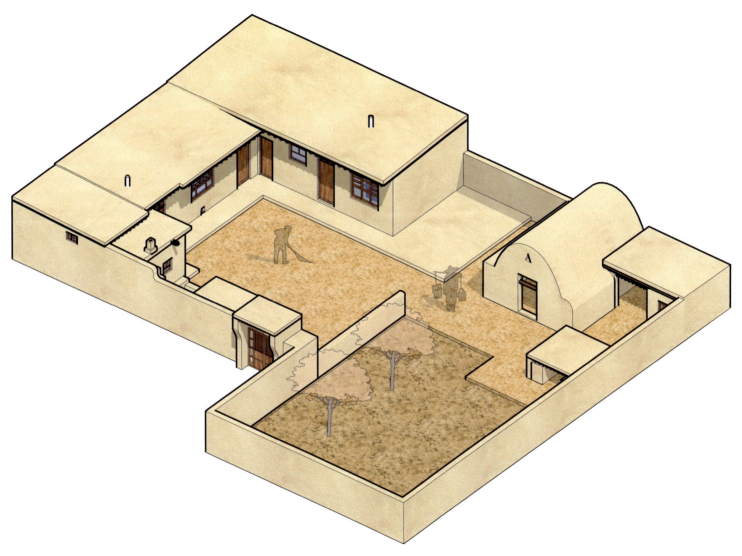

马宅模型效果图 7

平面图

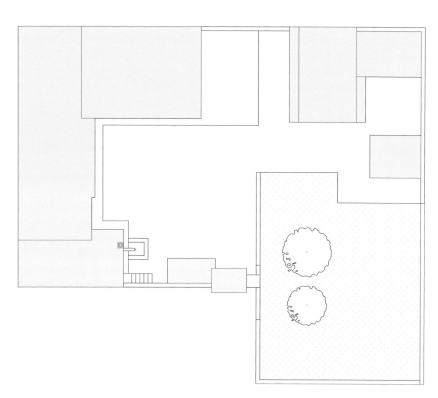

屋顶平面图

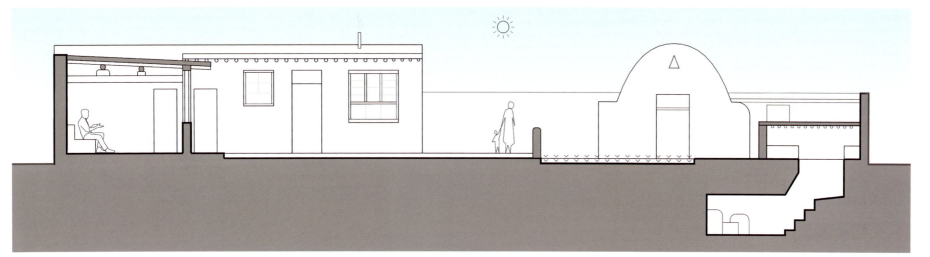

1-1 剖面图

2-2 剖面图

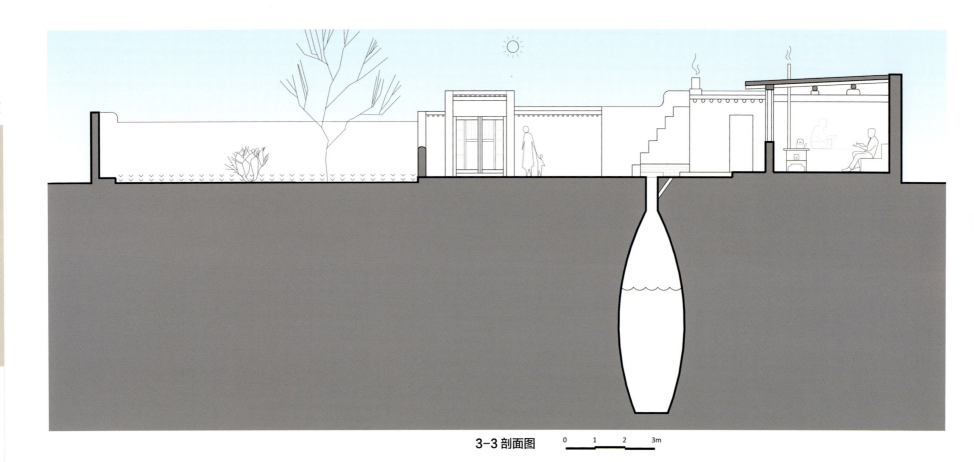

3-3 剖面图

马宅——砖木民居模型

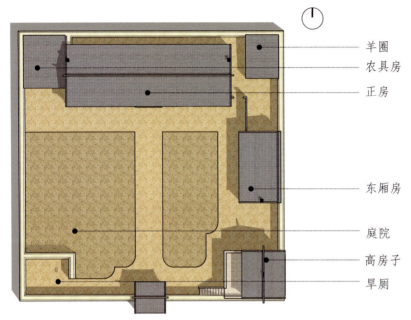

羊圈
农具房
正房
东厢房
庭院
高房子
旱厕

马宅模型平面图

马宅实景照片

马宅模型效果图 1

马宅模型效果图 2

马宅模型效果图 3

马宅模型效果图 4

马宅模型效果图 5

马宅模型效果图 6

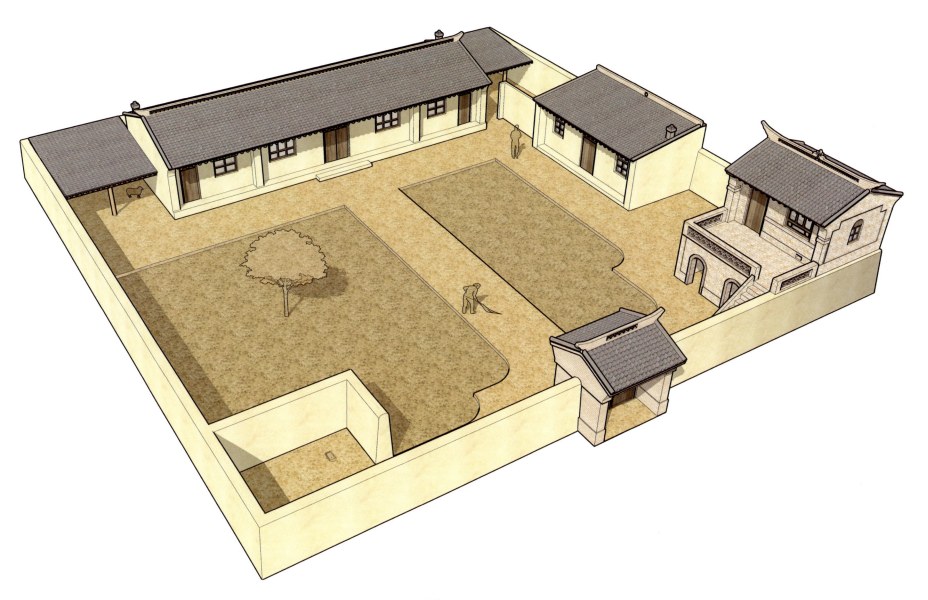

马宅模型效果图 7

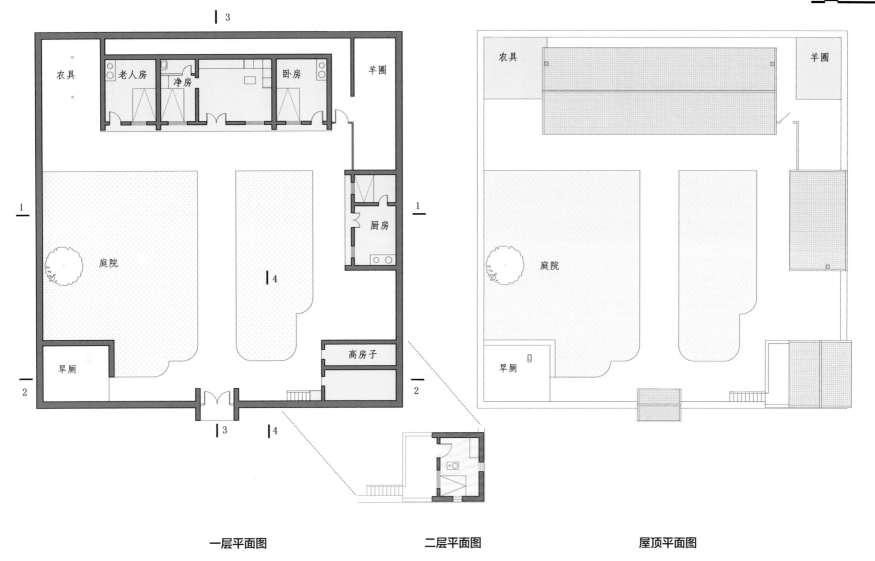

一层平面图　　　　二层平面图　　　　屋顶平面图

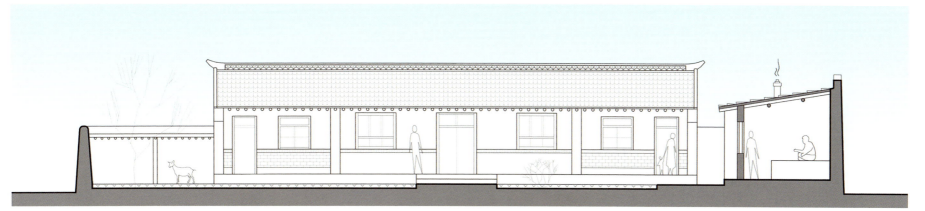

1-1 剖面图

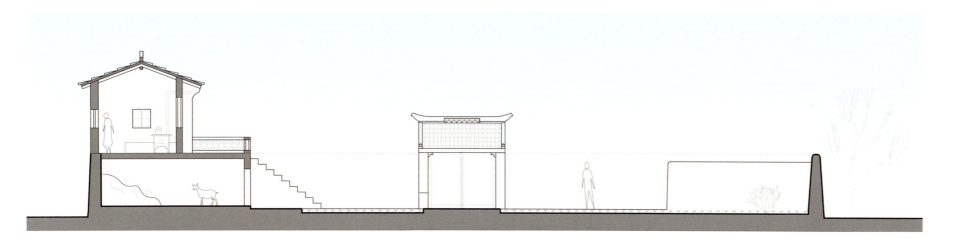

2-2 剖面图

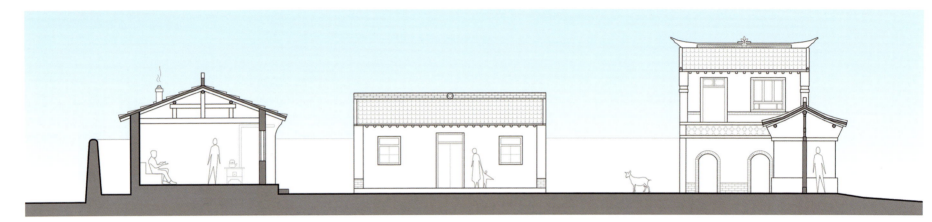

3-3 剖面图

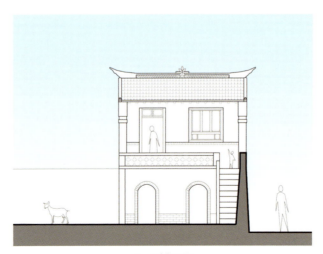

4-4 剖面图

穆宅——砖木民居模型

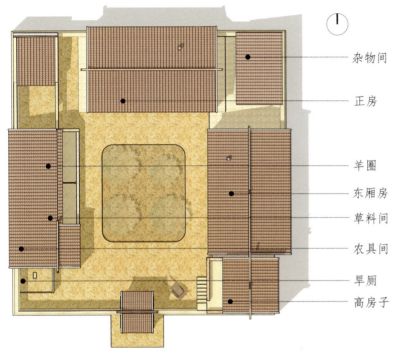

- 杂物间
- 正房
- 羊圈
- 东厢房
- 草料间
- 农具间
- 旱厕
- 高房子

穆宅模型平面图

穆宅实景照片

穆宅模型效果图1

穆宅模型效果图2

穆宅模型效果图 3

穆宅模型效果图 4

穆宅模型效果图 5

穆宅模型效果图 6

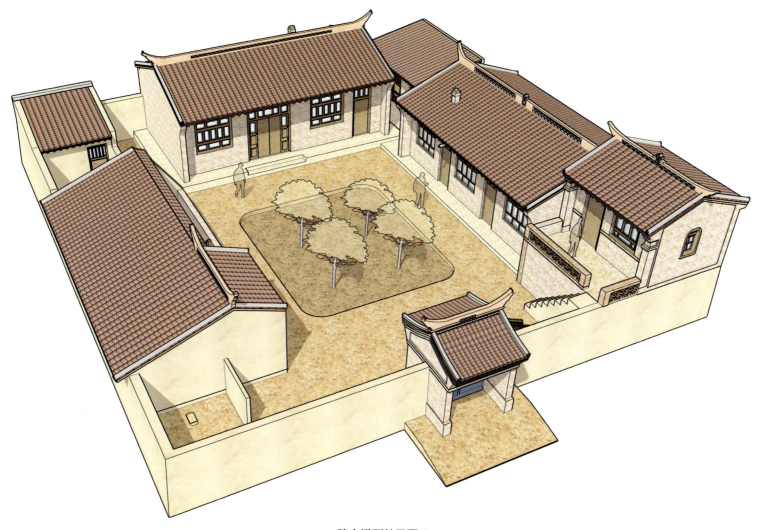

穆宅模型效果图 7

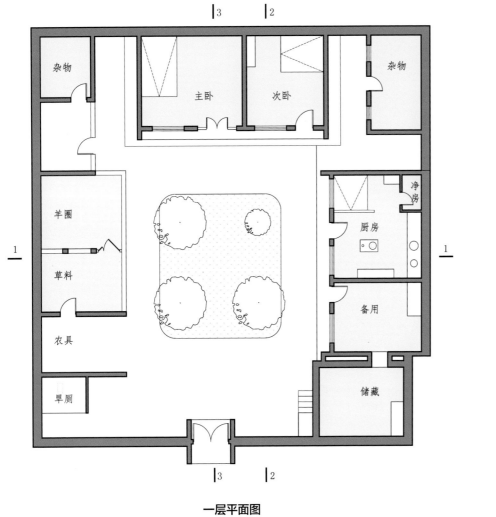

一层平面图

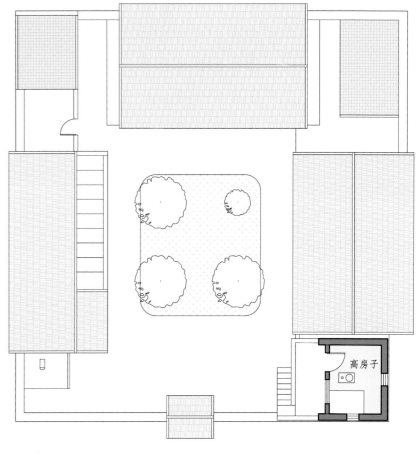

二层平面图

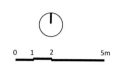

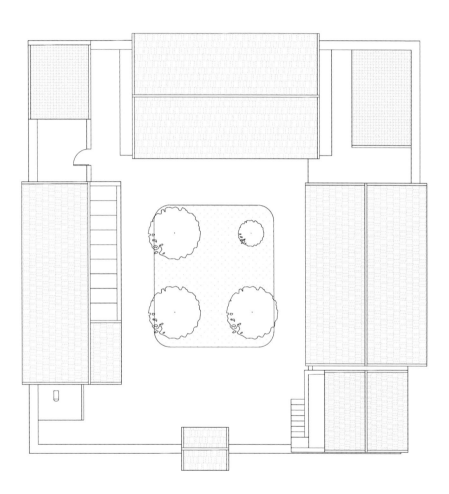

屋顶平面图

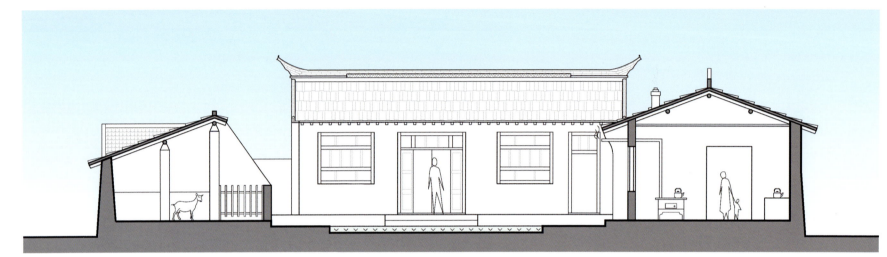

1-1 剖面图

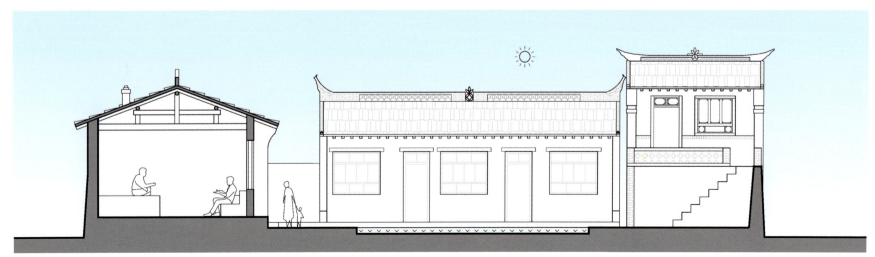

2-2 剖面图

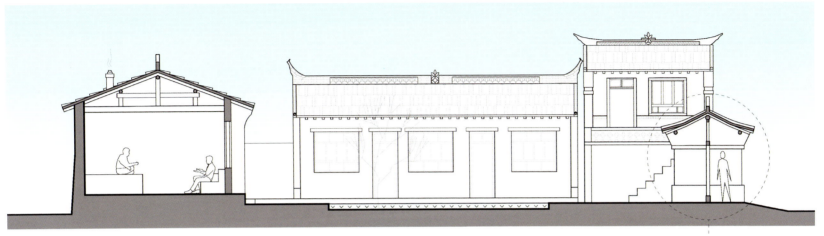

3-3 剖面图　0　0.5　1　2m

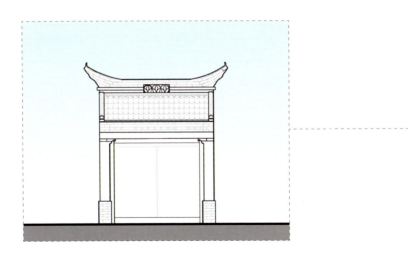

大门立面图　0　0.5　1　1.5m

王宅——靠崖窑民居模型

牛棚
庭院
狗舍
沼气池
鸡圈
旱厕

王宅模型平面图

王宅实景照片

王宅模型效果图1

王宅模型效果图2

王宅模型效果图 3

王宅模型效果图 4

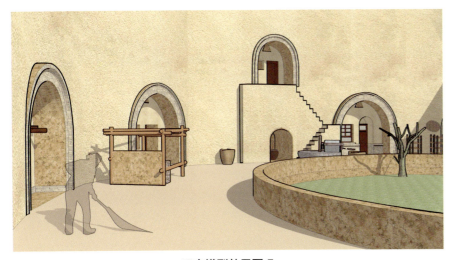

王宅模型效果图 5

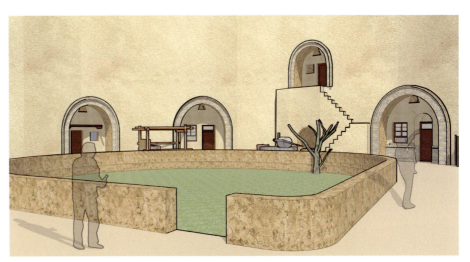

王宅模型效果图 6

王宅模型效果图 7

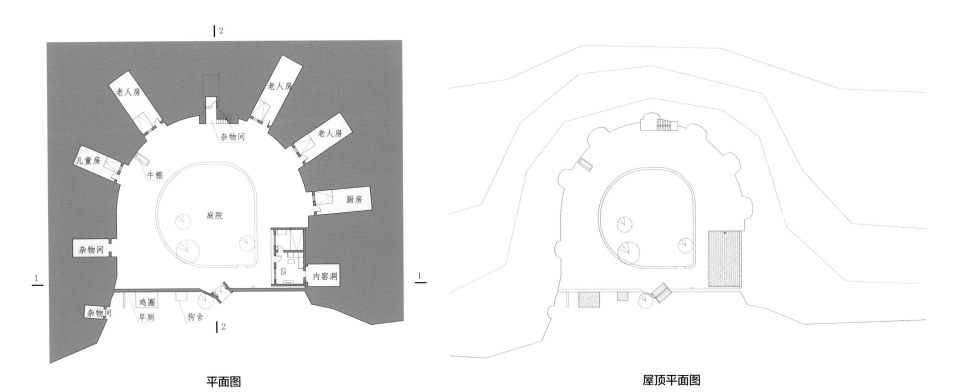

平面图　　　　　　　　　　　　　　　　屋顶平面图

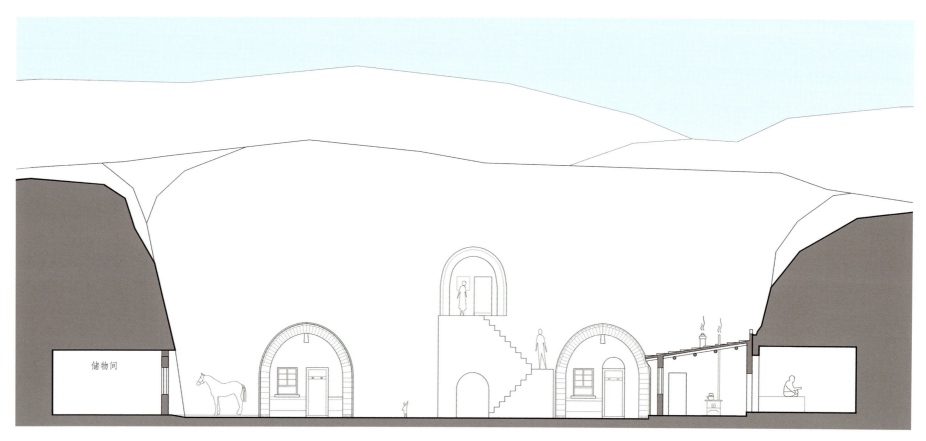

1-1 剖面图

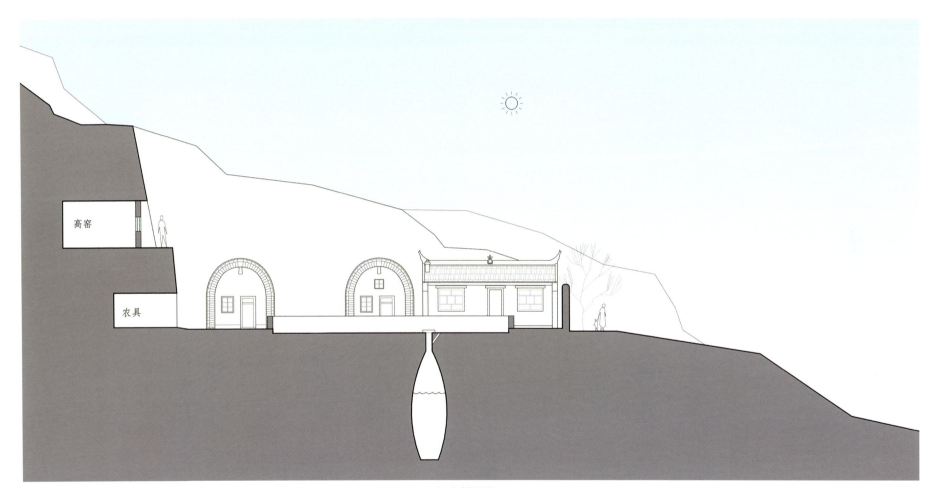

2-2 剖面图

徐宅——靠崖窑民居模型

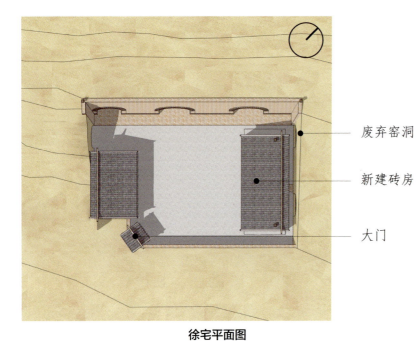

废弃窑洞
新建砖房
大门

徐宅平面图

徐宅实景照片

徐宅模型效果图1

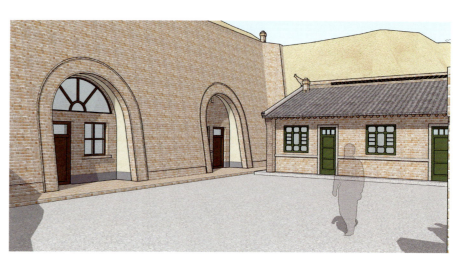

徐宅模型效果图2

徐宅模型效果图 3

徐宅模型效果图 4

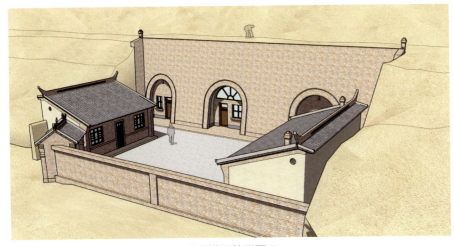
徐宅模型效果图 5

徐宅模型效果图 6

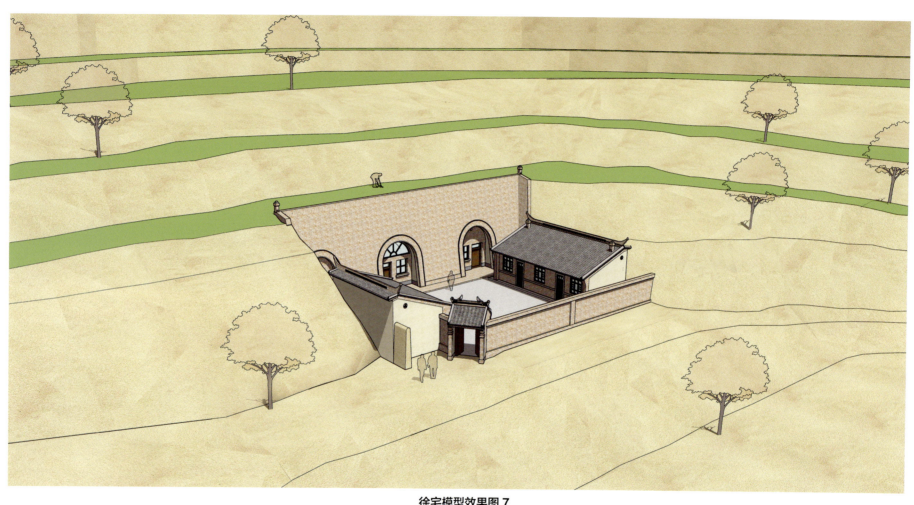

徐宅模型效果图 7

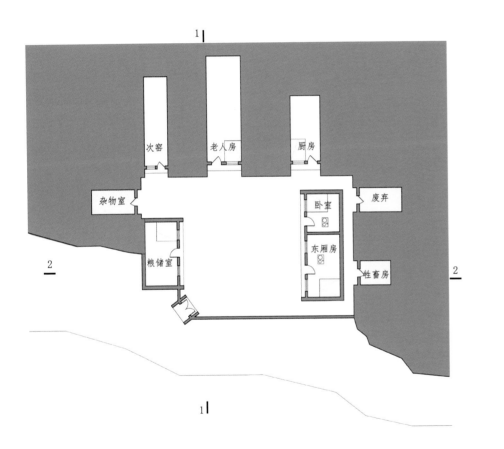

平面图

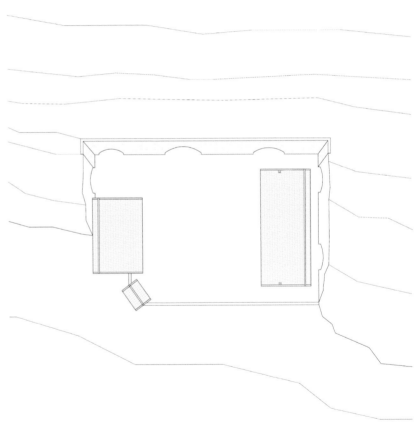

屋顶平面图

徐宅——靠崖窑民居模型

1-1 剖面图

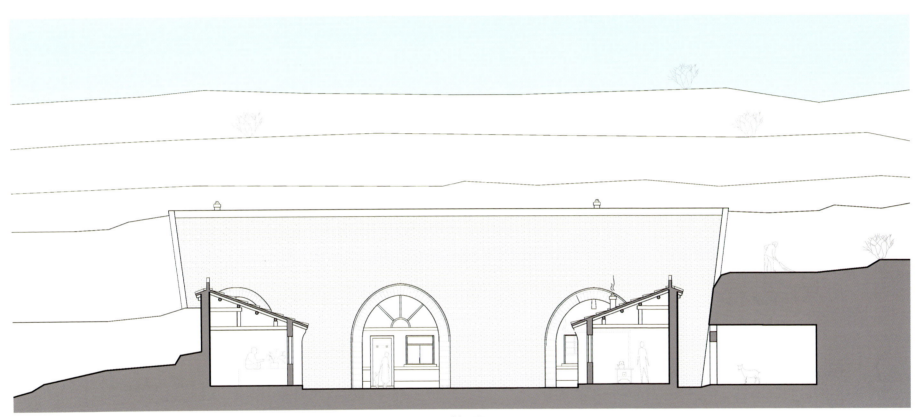

2-2 剖面图

王团镇北堡子——屯堡建筑模型

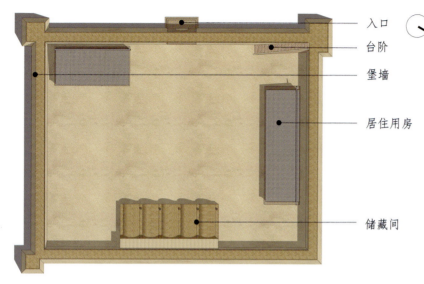

王团镇北堡子模型平面图

入口
台阶
堡墙
居住用房
储藏间

王团镇北堡子实景照片

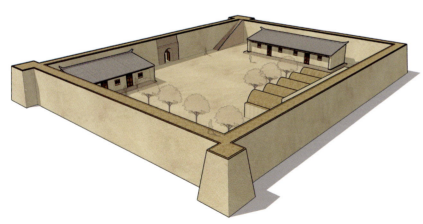

王团镇北堡子模型效果图1

王团镇北堡子模型效果图2

王团镇北堡子模型效果图 3

王团镇北堡子模型效果图 4

王团镇北堡子模型效果图 5

王团镇北堡子模型效果图 6

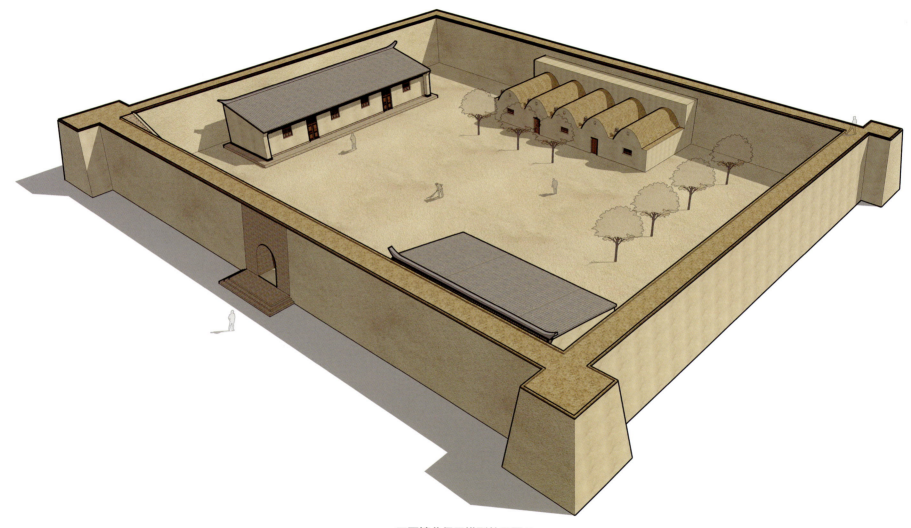

王团镇北堡子模型效果图 7

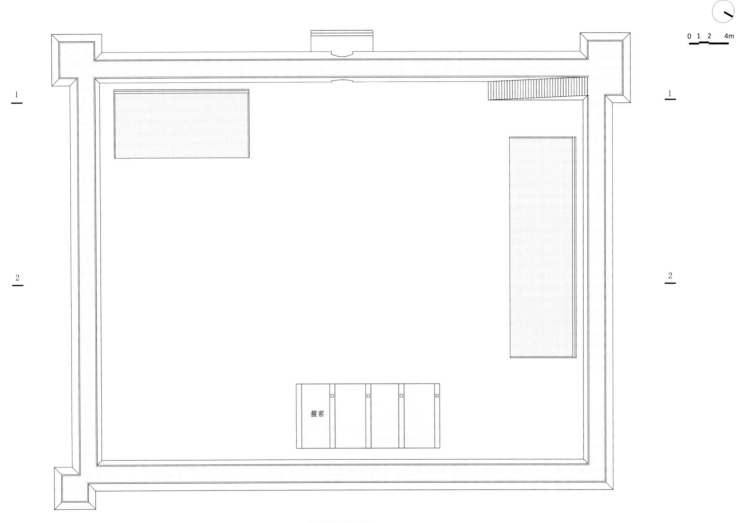

屋顶平面图

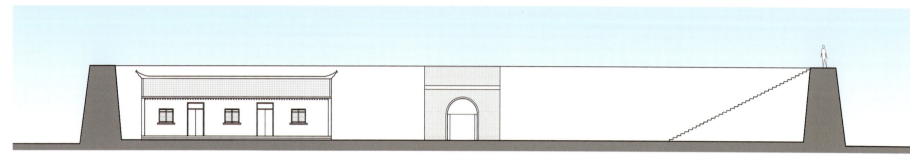

1-1 剖面图

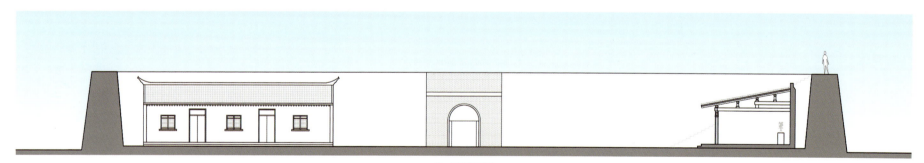

2-2 剖面图

宁南地区窑洞——窑洞类型模型

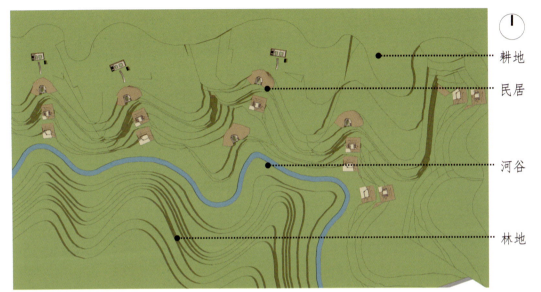

耕地

民居

河谷

林地

宁南地区窑洞类型模型平面图

宁南地区窑洞类型实景照片

宁南地区窑洞类型效果图1

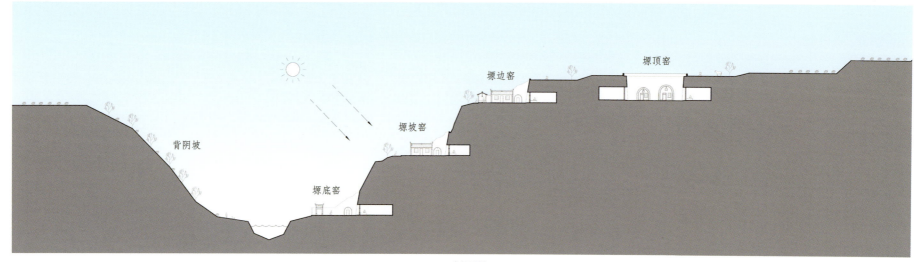

剖面图

宁南地区窑洞类型效果图 2

宁南地区窑洞类型效果图 3

宁南地区窑洞类型效果图 4

参考文献

[1] 周若祁,等.绿色建筑体系与黄土高原基本聚居模式[M].北京:中国建筑工业出版社,2007.

[2] 侯继尧,王军.中国窑洞[M].郑州:河南科学技术出版社,1999.

[3] 燕宁娜.宁夏西海固回族聚落营建及发展策略研究[M].北京:中国建筑工业出版社,2016.

[4] 马冬梅.宁夏西海固乡村聚落空间优化研究[M].北京:中国建筑工业出版社,2020.

[5] 海原县地方志编纂委员会.海原县县志[M].银川:宁夏人民教育出版社,2012.

[6] 王非,周典,杨路.宁夏西海固地区乡土民居更新改造设计研究[J].城市建筑,2017(23):31-33.

[7] 苏笑曦,吴万国,韩磊.宁夏引黄古灌区农业水资源科学管理的实践与思考——以宁夏唐徕渠灌区为例[J].水利发展研究,2019(3):51-55.

[8] 陈莹.宁夏西海固地区传统地域建筑研究[D].西安:西安建筑科技大学,2008.

[9] 张郗.基于遗产认知的宁夏唐徕渠灌溉工程遗产展示系统构建研究——以银川市中心城区段为例[D].西安:西安建筑科技大学,2020.

后记

营建智慧是传统村落中人们生存经验的结晶，体现在宏观村落选址、中观院落布局和微观建筑形体等空间层面。宁夏地区自然气候特征鲜明，传统人居环境空间组织布局方式，对当前城乡建设依然具有重要的借鉴意义。

本书中的调研照片及测绘时段主要集中在2008年，如今现状已发生翻天覆地的变化，图册中的村落民居多已经消失或者改造，传统民居建筑已难觅踪迹了。这一方面体现出地方经济、社会发展的巨大进步，另一方面也说明传统民居走到了转型迭代的新的历史时期。如今，我国乡村中建房很少再采用传统的建造技艺，而是采用城市化的建筑样式，用现代技术和材料重塑地方民居。从人居的角度看，传统民居已完成其历史使命，正被新的乡土民居所替代，这是时代发展的客观规律。

在乡土民居从传统走向现代的重要历史时期，是脱离本土建筑文脉、盲目照搬照抄异域化的建筑模式，还是从传统营建智慧中汲取营养、延续乡土民居建筑文脉，这是我们必须面对的问题。延续乡土民居建筑文脉，首先应明确哪些是传统优秀的营建智慧，深入研究传统村落民居所具有的人与自然相适应的生存经验，全面挖掘、归纳出营建智慧的具体表现形式。传统民居的建筑材料和技艺有可能已不能适应新时代人们生活生产的需要，但是传统村落及民居的空间营建智慧是永不过时的，这种被动式空间规划设计的经验对传统民居转型发展具有极为重要的意义。因此空间的营建智慧应当是我们研究、分析传统营建智慧的重要方面。

本书重视村落民居的空间格局及形态分析，强调空间形态的严谨性，尽力展现空间的真实性，从空间组合的角度挖掘传统村落民居营建的绿色经验，用测绘、数字模型等图示分析的方法凝练出聚落、院落和民居的 21 个营建智慧。这些营建智慧可为城乡建设提供传统建筑的经验，为避免盲目套用异域建筑模式、促进建筑文脉传承发展、实现地方人居环境的绿色可持续发展发挥积极的作用。

本书出版首先要感谢宁夏大学燕宁娜教授主持的宁夏回族自治区重点研发技术重大（重点）项目提供的支持和帮助。在 2019 年宁夏乡村联合调研期间，燕老师带领团队师生深入宁夏乡村进行访谈记录，为图册绘制提供了研究思路和基础素材。还要感谢西安建筑科技大学岳邦瑞教授，从图册的拟定到绘制完成，岳老师均给予了宝贵的指导意见。

本书中的村落及民居建筑测绘尽量在空间原真性的基础上展现乡土的美，从村落空间的整体到民居建筑的局部，再从民居建筑的局部到村落空间的整体，乡土景观总是给人们带来美的享受，这里的美存在于村落民居空间适宜的尺度和合理的比例中。本书撰写团队在测绘、CAD 制图到 SU 建模的过程中，持续关注村落及民居空间形态背后人与自然、人与人的关系，努力表现出本土的智慧和乡土的美。这里对参与撰写的崔文河教授 2018 级至 2024 级的研究生们表示感谢（各年级组长代表有樊蓉、周雅维、张婧、张睿钰、王橹静、秦梦晨、孟杰芳），本书的排版、模型及图示分析等均是他们智慧的结晶，是大家的努力付出才使本书得以完成。

乡土营建智慧图说涉及专业知识众多，撰写团队努力做到图说的科学性、严谨性、准确性，但由于作者水平有限，疏漏与谬误之处敬请读者不吝指正。